JN066068

エレクトロニクス実装のための

マイクロ接合科学

荘司郁夫／福本信次 [著]

日刊工業新聞社

ま え が き

　日本のエレクトロニクス産業は、パーソナルコンピュータ（PC）、デジタル家電および携帯電話やスマートフォンなどの携帯情報端末などを代表製品として、それらの小型化、高速化、大容量化、高機能化を進展させながら大きく発展してきた。近年では、情報通信機器に限らず、自動車などの輸送機器の制御など、あらゆるエレクトロニクス製品の高機能化、小型化が展開されている。特に、今後は Society 5.0 の実現に向け、次世代ネットワーク、IoT（Internet of Things、モノのインターネット）および AI（人工知能）の活用が期待され、各種センサ、通信機器、分析機器などエレクトロニクス製品がその実現の鍵を握る。これまでエレクトロニクス製品の発達とともに進展してきた実装技術は、今後のエレクトロニクス製品の発展およびそれらの品質・信頼性を支える非常に重要な技術である。

　エレクトロニクス実装分野の研究開発に必要な基礎学理は、材料工学、機械工学、電気・電子工学など多岐の学問領域にわたるため、大学の教育体制では体系的な教育プログラムが整っているとはいいがたい。さらに、近年自動車分野で進行しているマルチマテリアル化がエレクトロニクス製品においても重要技術となっており、金属材料に限ることなく、有機材料、無機材料、高分子材料を複合化した材料や構造の検討も必要になっている。

　そのような背景のもと、本書は、エレクトロニクス実装分野の技術開発に必要な基礎知識を学ぶ必要がある若手技術者を対象とした。各章の内容は大学の理系学部生の初年次教育レベル（大学1年生レベルの化学・物理を学んだ学生）から理解できるものとし、各分野のエッセンスをまとめている。エレクトロニクス実装分野の基礎学理を体系的に学ぶという点では、大学院の講義や関連教育セミナーにも使用できる内容となっている。また、本書はエレクトロニクス実装技術に必要な基礎学問をまとめたが、それらは他のモノづくり技術に対しても応用可能な内容となっている。

まえがき

　第1章では、エレクトロニクス実装の歴史と展望を概説し、エレクトロニクス実装の階層および各階層で使用される接合プロセスについて述べた。第2章では、エレクトロニクス実装にかかわらずモノづくりの加工プロセスや製品の信頼性保証に必要となる熱に関して、伝熱、熱回路、材料物性の温度依存性および温度測定の基礎について述べた。第3章では、接合界面反応に関して、はじめに原子の結合と結晶構造の基礎から合金状態図について説明した。引き続き、エレクトロニクス実装のはんだ接合部の形成にかかわるぬれ、溶解、拡散、凝固現象について述べた。また、金属材料の熱処理に関連する回復と再結晶および金属の強化機構についても解説した。第4章では、エレクトロニクス実装用材料について概説し、電極材料の表面処理方法としてのめっきについても述べた。第5章では、接合部のミクロ組織観察および分析方法を説明した後に、接合部の信頼性設計手法を述べた。はんだ接合部を対象として、信頼性因子と評価式を概説し、信頼性評価に必要な加速試験、取得データの統計的処理手法について述べ、熱疲労寿命の信頼性評価手法を紹介した。

　また、2章、3章および5章の章末には、学習内容の理解を深めるために演習問題も準備した。

　エレクトロニクス実装分野を学ぶ学生および若い技術者の方々にとって、本書が座右の書となり、既存材料および生産技術の限界を突き破る新技術の発展の一助となれれば幸いである。

　最後に、本書の執筆に際し、貴重なご意見を頂いた方々、参考にさせていただいた多くの名著・文献の著者の方々に謝意を表する。また、本書の出版に際し、ご理解ご支援を頂き貴重なご意見を頂いた日刊工業新聞社の皆様にも謝意を表する。

2020年10月

著者一同

目　次

目　次

―――――――――――― 執 筆 担 当 ――――――――――――

　荘司郁夫　第 1 章、第 3 章、第 5 章（5.1 を除く）

　福本信次　第 2 章、第 4 章、第 5 章の 5.1

第1章 エレクトロニクス実装の概要

■1.1 エレクトロニクス実装の歴史と展望

　エレクトロニクス実装は、コンピュータに代表されるデジタル情報処理・通信機器の発達に合わせて急成長してきた。**図** 1.1 にエレクトロニクス製品および LSI パッケージの動向を示すが、この 40 年で急激に高機能化が進行した。1947 年の AT&T ベル研究所によるトランジスタ、1958 年のテキサス・インスツルメンツによる集積回路（IC）の発明を契機に、半導体 IC を基にしたコンピュータの開発が進められた。日本では、1982 年の NEC による 16 ビットパーソナルコンピュータ（PC）の発売を契機として、急速に PC 時代に突入した。電子機器の小型・軽量・多機能化が進み、PC だけではなく、携帯電話やデジ

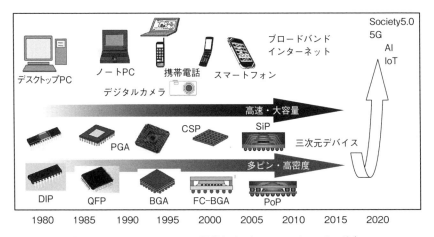

図 1.1　エレクトロニクス製品および LSI パッケージの動向

タルカメラなどのデジタル情報処理・通信機器がめざましく発展した。2000年代になると、デジタルネットワーク情報社会の進化に対応して、マルチメディア機器を始めとするデジタル家電やスマートフォンなどの携帯情報端末を中心とした電子機器の発展が著しくなった。また、半導体集積回路の大容量・高速化の急激な展開に伴い、情報通信機器だけではなく、自動車などの輸送機器の制御など、あらゆるエレクトロニクス製品の高機能化、小型化が展開された。今後は、Society 5.0 の実現に向け、

　　・次世代ネットワーク 5G
　　・世の中のあらゆるものをインターネット通信網につなぐ IoT（Internet of Things、モノのインターネット）
　　・IoT 共有データを用いて社会全体の効率化や利便性向上を図る AI（人工知能）

の活用が進行する。ビッグデータ解析、自動車の自動運転、エネルギーの安定供給などの実現を目指す Society 5.0 社会では、各種センサ、通信機器、解析機器などエレクトロニクス製品がその実現の鍵を握る。

　図1.2に電子部品の変遷を示す。図1.1 に示したエレクトロニクス製品の進展は、図1.2 に示した電子部品の発展とともに進行してきた。電子部品のソルダリングは、1950年代に、真空管ラジオのロングリード付き大型高電圧部品のマニュアルソルダリングから始まった。その後、部品形態が、アキシャルリード部品、DIP（Dual In-line Package）に代表されるラジアルリード部品へと発展し、自動挿入によるウェーブソルダリングにより自動化がなされてきた。1980年代より、チップ部品と QFP（Quad Flat Package）に代表される表面実装部品が登場すると、ソルダペーストを用いたリフローソルダリングが主流となった。半導体パッケージは、その高集積・大容量化に伴い、DIP、QFP、PGA（Pin Grid Array）、BGA（Ball Grid Array）、CSP（Chip Scale Package or Chip Size Package）へと多ピン化・小型化してきた。チップ部品も表面実装技術の進展に伴い、1608 から 1005、0603、0402 へと小型化が進行してきた。さらに、図1.1 に示したように SiP（System in Package）や PoP（Package on Package）などの三次元デバイスの開発も進められてきた。

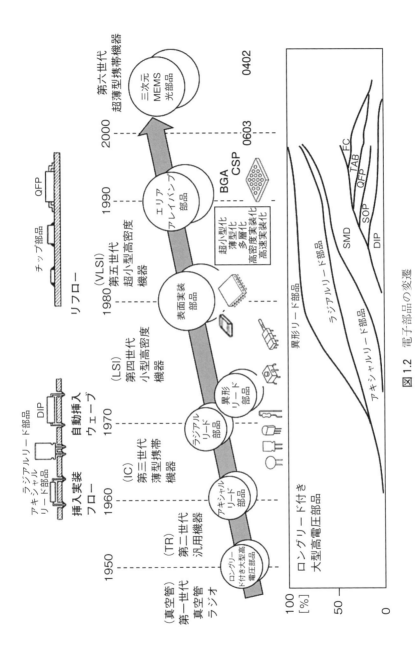

図 1.2 電子部品の変遷

■1.2　エレクトロニクス実装の階層

　エレクトロニクス実装における接合・接続は、**図1.3** に示す4つの階層（実装階層）に分類される[1.1]。

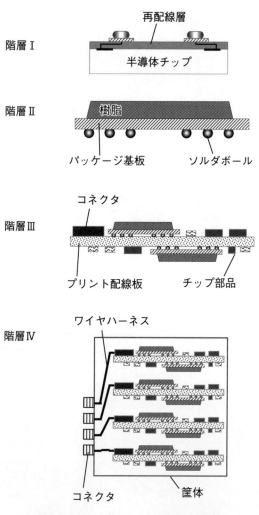

図1.3　エレクトロニクス実装の階層

階層Ⅰ：半導体チップ内部での相互接合・接続（半導体製造プロセス）

階層Ⅱ：半導体チップの端子とパッケージのリード導体の間の接合・接続
　　　　（パッケージングプロセス）

階層Ⅲ：パッケージの外部リード導体（デバイス部品）とプリント配線板上
　　　　配線導体との接合・接続（プリント配線板への部品実装プロセス）

階層Ⅳ：プリント配線板相互の接合・接続によるシステムの構成
　　　　（電子機器筐体組立プロセス）

　半導体部品の製造プロセスはシリコンウエハを基材として、「前工程」と「後工程」からなる。階層Ⅰはこの前工程にあたり、ウエハ上に数 mm 角の集積回路を多数同時に作製する。ウエハ上にリソグラフィ技術、平坦化技術などの超微細加工によってトランジスタやキャパシタなどの素子（FEOL：Front End of the Line）を形成し、その後各素子を回路につなぎ合わせていく配線および外部接続のための電極（BEOL：Back End of the Line）を形成する。

　前工程以降の後工程は階層Ⅱに該当し、ウエハ上に作製したチップをウエハから切り出し、良品のみパッケージングを行う。図 1.1 に示したような半導体パッケージとすることにより、保持・取り扱いを容易にするだけでなく、外部環境からの保護による信頼性の向上、プリント配線板など外部への電気的接続を行いやすくする、チップからの熱を放散しやすくするなどの利点が図られる。パッケージは空気酸化や不純物の混入を防止するために、樹脂などの材料により封止される。

　階層Ⅲは、階層Ⅱで製造された半導体チップやチップ部品をプリント配線板に搭載するプロセスであり、図 1.2 にも示したように、搭載方法は 2 つに大別できる。1 つは DIP に代表されるリード付き部品をプリント配線板のスルーホールと呼ばれる穴に挿入して、フローソルダリングにより搭載する挿入実装方式であり、もう 1 つは QFP や BGA などの表面実装部品を、ソルダペーストを用いたリフローソルダリングにて搭載する表面実装方式である。

　階層Ⅳの筐体組立プロセスは、それぞれの基板をつなぎ合わせて最終製品に仕上げる段階である。単にその機器を保護するためだけに限らず、たとえばパ

ソコンやサーバーなど発熱する機器の場合にはその放熱を助ける機能が与えられ、あるいは機器が使用される環境に合わせて使用しやすいようにデザインされる。

　接合技術には、これらいずれの階層においてもマイクロ接合法が採用されている。マイクロ接合法とは、「接合対象部が微細・微小であるため、接合対象部の寸法が大きい場合には問題とならない接合部での溶解量、拡散厚さ、変形量、表面張力などにより、接合性および接合品質（接合時およびその経時変化なども含めて）に無視し得ない影響を及ぼし、これらの寸法効果を特に考慮しなければならないような部位に適用される接合法」の総称である。ソルダリングにおいては、代表寸法が 20～1000 µm 程度の微細な対象材料を接合するのに用いられるソルダリングは、特にマイクロソルダリングと呼ばれる。

　近年、多岐にわたるエレクトロニクス実装の展開において、接合対象となる材料も、金属に限らず無機材料や有機材料と多岐にわたってきている。そのため、これら電子版マルチマテリアルともいえる異種金属接合における接合原理の解明、新たな接合プロセスの確立が求められている。また、環境調和型実装においては、引き続き高温鉛フリー実装、低エネルギー実装の開発が必要である。さらに、接合部の信頼性確保のためには、加速試験における加速度を明確にするとともに、環境ストレス下での材料特性変化の定量化に基づく寿命予測、複合環境下での信頼性評価技術の確立が求められている。よって、エレクトロニクス実装およびマイクロ接合技術は、今後もエレクトロニクス製品製造を支える重要な基幹技術である。

■1.3　エレクトロニクス実装で用いられる接合プロセス

　図 1.4 にエレクトロニクス実装に採用されているマイクロ接合法を大別して示す[1,2]。マイクロ接合には、熱圧着、超音波接合、ソルダリング、抵抗溶接、ワイヤボンディングなど様々な接合法が用いられ、それらはその接合機構から以下の 3 つに大別される。

　(1)　固相状態のまま接合する方法（固相接合）

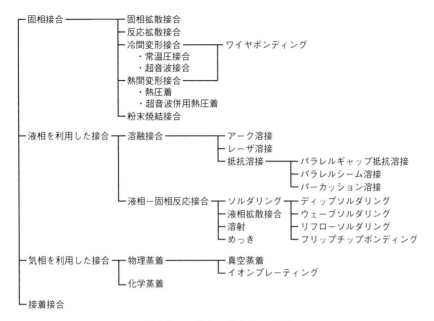

図1.4　マイクロ接合法の分類

(2)　液相状態を利用する接合方法（溶融接合、液相―固相反応接合）

(3)　気相状態を利用する接合方法（蒸着）

　固相拡散接合、ワイヤボンディングなどは(1)の固相接合に分類される。(2)の液相状態を利用する接合法は、接合する材料そのものが溶融する溶接法と、ソルダリングのように接合する材料間に溶融する材料を挟み込んで行う液相―固相反応接合に分けることができる。(3)の気相を利用した接合法には、蒸着法やイオンプレーティングなどの成膜法が挙げられる。近年、パワー半導体のダイボンディングへの検討が進む Ag ペーストの焼結接合および TLP 接合（Transient Liquid Phase Diffusion Bonding）は、それぞれ粉末焼結接合および液相拡散接合に相当する。

　以下では、階層順に使用される主なマイクロ接合法を紹介する。

　階層Ⅰでは、ウエハ上に数 mm 角の集積回路を作製する。FEOL を形成するためには、半導体基板上に薄膜を作製する技術（成膜技術）が使用される。成膜には、物理蒸着（Physical Vapor Deposition, PVD）、化学蒸着（Chemical

Vapor Deposition, CVD）、めっき法が使用される[12]。PVD 法と CVD 法は、ともに気相からの析出を利用する方法であり、原子・分子・イオンが気相を経由して基板表面で凝縮析出する。PVD 法には、真空蒸着、スパッタリング、イオンプレーティングなどがあり、蒸発可能な物質の分子・原子を真空の中を直進させて基板表面に堆積させ薄膜を形成する。CVD 法では、形成させる薄膜材料を構成する元素からなる 1 つまたは複数の化合物ガスあるいは単体ガスを、蒸気圧が高く輸送しやすいガス状化合物として、適切な温度に保持された基板上に供給する。そして、気相化学反応（均一化学反応）や基板表面化学反応（不均一化学反応）により分解あるいは合成させ、基板表面に目的とする薄膜を形成させる。FEOL は、上述の成膜技術にリソグラフィ技術、エッチング技術、平坦化技術などの超微細加工技術を駆使して作製される。平坦化技術には、化学的機械研磨（Chemical Mechanical Polishing, CMP）と呼ばれる研磨液の化学作用と研磨剤の機械的研磨の複合作用を利用してウエハ表面を削って平坦化する方法が使用される。BEOL の形成では、層間絶縁膜に溝を形成しめっきなどの方法で Cu を埋め込んで CMP にて溝外の Cu を除去する配線方法である Cu ダマシン方法が採用されている。

　階層Ⅱでは、階層Ⅰで作製されたチップを個片に切り出してパッケージングを行う。パッケージングプロセスにおいては、ダイボンディング、インナーリードボンディングや封止などのプロセスが用いられる。ダイボンディングは半導体チップをリードフレームのダイパッドや基板に接合する方法で、その接合には金属や接着剤が使用される。近年、SiC などの次世代パワー半導体のダイボンディングには、Ag ペーストによる焼結接合や TLP 接合も検討されている。インナーリードボンディングとは、半導体パッケージの内部リードとダイ（半導体チップ）の間の接続を行うことで、ワイヤボンディング、TAB（Tape Automated Bonding）、フリップチップボンディングなどの手法がある。

　ワイヤボンディングは、半導体チップ上の電極とリードフレーム端や基板上の回路導体を Au、Cu、Al などのワイヤで接続する技術である。ワイヤボンディングの方式としては、ボールボンディングとウェッジボンディングの 2 つの方式がある。ボールボンディングには Au ワイヤや Cu ワイヤが、ウェッジボ

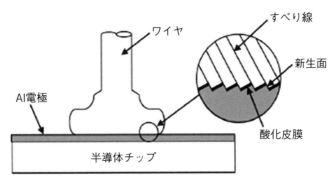

図 1.5　ボールボンディング部の形成メカニズム[12]

ンディングには Al ワイヤが基本的に用いられる。図 1.4 に示したように、ワイヤボンディングは接合法としては、熱圧着法、超音波併用熱圧着法、超音波法に分類される。**図 1.5** にボールボンディング部の形成メカニズムを示すが、接合は材料同士が変形することによって達成される。熱は金属原子の拡散を促進するために、超音波は Al 表面に形成された酸化皮膜を破壊して金属の新生面を出しやすくするために用いられる。

　図 1.6 に Au ワイヤを用いた Al 電極上へのワイヤボンディングプロセスを示す。始めに、キャピラリと呼ばれるツールに通された Au ワイヤの先端を放電によって溶融させてボールを形成する。次に、加熱された半導体チップ上の Al 電極（通常約 1 μm 厚）に Au ボールを加圧して押し付け、熱圧着または超音波併用熱圧着法により接合する（ボールボンディング）。その後、ツールを移動させてワイヤをルーピングさせた後にワイヤをリードフレームなどに接合（ウェッジボンディング）してワイヤを引きちぎり接続を完了する。ボンディング用ワイヤは、接合性やルーピング性を向上させるようにその純度や合金成分が設計されている。ワイヤ径は一般的には 20～30 μm であるが、狭ピッチ用には15 μm 程度のものが用いられる。ウェッジボンディングはボンディング速度やワイヤリングの方向性の自由度などが劣るため、多ピン対応のボンディングではボールボンディングが主流となっている。また、パワーデバイスの実装では大電流に対応できる接続部が求められるため、400 μm 径の Al ワイヤを用いたウェッジボンディングが主流であるが、更なる大容量化に対応するためには、

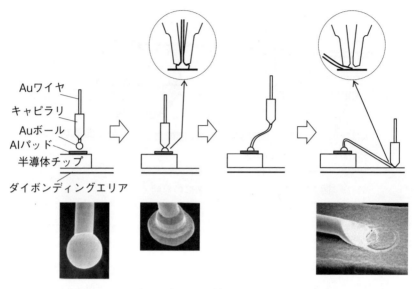

図 1.6　Au ワイヤによる Al 電極へのワイヤボンディング

更なる太線化やリボン化、Cu ワイヤ化などの検討も進められている。

　TAB は、プラスチックフィルムの上に金属箔で配線パターンを形成した TAB テープを用いて半導体チップの電極と基板などの電極を接続する技術である。TAB で作製された半導体パッケージは、TCP（Tape Carrier Package）と呼ばれる。長尺のテープを用いた Roll to Roll の生産が可能、狭ピッチおよび薄型化が可能などの長所があったが、ワイヤボンディング技術の高度化、フリップチップボンディング技術の低コスト化、BGA パッケージの登場などにより IC 実装に採用される割合が減少し、現在は主に液晶パネルのドライバ IC の実装に用いられている。

　フリップチップボンディングは、パッケージ封止していない裸の LSI チップ（ベアチップ）を、回路面を下にして基板と接続する方法である（**図 1.7** 参照）。ベアチップをひっくり返して実装することから、フリップチップと呼ばれている。ベアチップを用いることから究極の実装方法とも呼べるフリップチップボンディングには主に次の 3 つの長所がある。

⑴　実装面積を小さくできる。

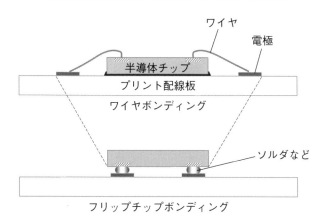

図1.7 ワイヤボンディングとフリップチップボンディングの比較

(2) 高速信号あるいは高周波信号の伝達に対応できる。

(3) 接合部の樹脂封止により高信頼性が確保できる。

(1)の実装面積については、図1.7からも明らかであるが、304ピンのQFPパッケージで比較すると、実装面積は端子ピッチ0.5 mmのQFPの約1/20です[12]。(2)については、接続部の配線長が短いことによる。図1.7の接合部におけるチップとプリント配線板の電極との距離は、せいぜい100 μm程度しかない。これはQFPなどと比べてはるかに短いため、インダクタンスや抵抗などの寄生素子がほとんどなく、信号の伝播速度が短くなるうえに、信号波形のゆがみが小さくなる。(3)については、接合部が樹脂封止される特徴からくるものである。フリップチップボンディングにおいては、ベアチップとプリント配線板との間の熱膨張係数の差が大きいため、接合部は必ず樹脂で封止される。そのため、QFPやCSPのパッケージ品と比べて、はんだ接合部の信頼性が高くなる。適切な樹脂封止が施された接合部においては、温度サイクル試験ではんだ接合部の不良が発生することはほとんどない。

図1.8に各種フリップチップボンディング法を示す。フリップチップボンディングは、1960年代にIBMにより開発されたC4（Controlled Collapse Chip Connection）[13]により始まった。C4の接合部には、Pb-3mass % Sn高融点はんだバンプ（融点322℃）が使用され、360℃の加熱により、はんだを溶融させ

| | はんだ接合 | | 金―はんだ接合 | 超音波接合 | 樹脂接合 | | |
	C4	C2			ACF/ACP	NCF/NCP	OBAR
構造	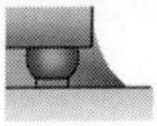		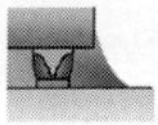			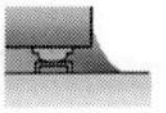	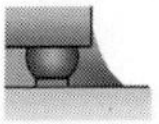
バンプ配列	エリアアレイ	ペリフェラル					エリアアレイ/ペリフェラル
バンプ材質	3Sn–97Pb/Pb free	Cu Post + Pb Free	金スタッド	金スタッド/めっき	金スタッド/めっき	金スタッド	Pb Free/Cu Post
基板側の処理	Pre-Solder	防錆処理	Pre-Solder	金めっき	金めっき	金めっき	Pre-Solder/防錆処理
接合材料	はんだ	はんだ	はんだ	金―金	導電性粒子	金―金	はんだ
接合方法	リフロー	リフロー	熱圧着/リフロー	超音波	熱圧着	熱圧着	熱圧着
樹脂封止	CUF（Capillary Underfill）				基板側に塗布		Wafer Bump側に塗布

C4 ：Controlled Collapse Chip Connection
C2 ：Chip Connection
OMB：Other Metal Bump
ACF/ACP：Anisotropic Conductive Film/Paste
NCF/NCP：Non Conductive Film/Paste
USC ：Ultrasonic Connection

図1.8　各種フリップチップボンディング法[12]

てセラミック配線板にチップが搭載された。1990年になり、ダウンサイズの流れの中で、フリップチップ実装が民生の分野でも注目されるようになり、C4用チップをSn–Pb系共晶はんだを用いて安価なプリント配線板に実装する技術が開発された[14]。その後、電極がペリフェラルに配置されるワイヤボンディング用チップにも、図1.8に示すような様々な工法が開発されてきた。

　階層Ⅲでは、フローソルダリングまたはリフローソルダリングにより、電子部品がプリント配線板に搭載される。図1.9に現在主流となっているリフローソルダリングの工程を示す[15]。リフローソルダリングでは、プリント配線板の電極上にソルダペーストが印刷され、その上に、図1.2に示した様々な表面実装部品が搭載される。電子部品を搭載したプリント配線板が、リフロー炉を通過することにより、はんだが溶融して電子部品およびプリント配線板の電極にぬれ、ソルダリングが行われる。図1.10には、DIPなどの挿入部品をプリント配線板に実装するフローソルダリングの工程を示す[15]。始めに、プリント配線

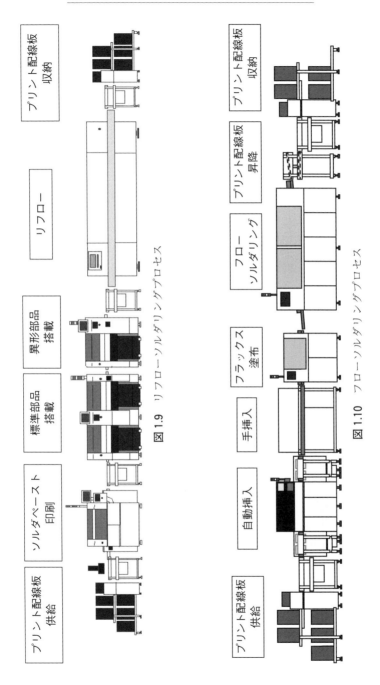

図 1.9 リフローソルダリングプロセス

図 1.10 フローソルダリングプロセス

板の部品挿入穴に、挿入部品が挿入される。次にフラックス塗布装置により、プリント配線板にフラックスが一定量均一となるように塗布される。続いて、フローソルダリング装置にて、プリント配線板のソルダリング面に溶融はんだを接触させることでソルダリングが行われる。現在では、一次噴流と二次噴流を兼ね備えたダブルウェーブ方式が一般的であり、噴流波形が荒くプリント配線板にかかる面圧が大きい一次噴流にてはんだがぬれにくい箇所にもはんだを接触させ、二次噴流にてブリッジなどのソルダリング不良を修正しつつはんだ量を適正にして仕上げソルダリングが行われる。

【参考文献】

1.1) 冨岡泰造：群馬大学大学院博士学位論文（2020）

1.2) マイクロ接合・実装技術：㈱産業技術サービスセンター（2012）

1.3) L. F. Miller: IBM Journal of Research and Development 13, (1969), pp. 239–250.

1.4) Y. Tsukada, S. Tsuchida and Y. Mashimoto: Proceeding of 7th IMC, (1992), pp. 252–258.

1.5) 実装工程管理技術：(一社)日本溶接協会マイクロソルダリング教育委員会（2016）

【その他の参考図書】

(1) 標準マイクロソルダリング技術　第3版，日刊工業新聞社，（2011）

第2章 エレクトロニクス実装に関わる熱と温度

　エレクトロニクス実装にかかわらずものづくりにおける加工プロセスにおいては、対象物に熱を加えることが多い。また、製品や構造物が使用中に高温にさらされたり、製品そのものから発熱したりして、温度が上昇することがある。本章では、伝熱工学の基本を解説し、簡単な温度概算方法や温度に依存して変化する物性や物理現象について述べる。本章で使用する主な物理量および単位記号については特に断りがない限り**表 2.1** に示す通りとする。

表 2.1　物理量と単位記号

量	単位
面積、断面積（A）	m^2
質量（m）	kg
長さ（L）	m
密度（ρ）	kg/m^3
伝熱量（熱流量）（$\dot{Q}$）	W
熱流束（$\dot{q}$）	W/m^2
温度（T）	K
熱容量（C）	J/K
比熱（c）	$J/(kg \cdot K)$
熱伝導率（k）	$W/(m \cdot K)$
熱伝達率（h）	$W/(m^2 \cdot K)$
熱抵抗（R_t）	K/W
熱拡散率（温度伝導率）（α）	m^2/s
時間（t）	s

■2.1　熱と温度の重要性

　加熱が必要な加工プロセスは、たとえば溶接・接合、ソルダリング（はんだ付）、熱間プレス、鍛造、鋳造など非常に多い。これは加熱することによって材料の温度が変化し、それに伴って材料物性が変化することで加工を容易にするためである。また、切削加工においては工具と被削物との間の摩擦発熱によって凝着が生じるため、切削油を用いるなどして温度管理をしている。いずれにおいても、それぞれの材料、加工方法に適した温度域が存在し、温度制御こそが加工プロセスにとってもっとも重要と言っても過言ではない。製品にとっては、使用環境温度によって熱的な負荷だけでなく力学的な負荷などを受け、製品の寿命が左右されることとなる。たとえば、車の車内温度はおよそ65℃まで上昇することもあり、またエンジンルームは約120℃にもなると言われている。エンジン表面の温度はさらに高くなる。これらの温度は外気温だけの影響ではなく、エンジン内の燃焼などの内部発熱によっても変化する。特にエレクトロニクス製品においては電流が流れることによる発熱を考える必要がある。この発熱は、ジュール発熱とよばれ発熱量 Q は式(2-1)で表すことができる。

$$Q = I^2 R\, t \tag{2-1}$$

Q：発熱量 [J]、I：電流 [A]、R：抵抗 [Ω]、t：時間 [s]

　ジュール発熱はおもに素子からであるが、配線からの発熱も無視できない。近年の電子デバイスは小型化、高密度化、部品内蔵化、大電流化が進んでおり、ますます発熱を排熱・放熱する技術が重要となっている。このように内外からの入熱によって温度変化が生じ、それに伴って材料の強度、大きさ、電気抵抗などが変化し、ひいては製品の品質、信頼性に影響を及ぼす。次節では熱の伝わり方について説明する。

■2.2 伝 熱

2.2.1 熱の伝わり方

　高温部から低温部に移動する内部エネルギーが熱（エネルギー）であり、熱が移動する現象を伝熱と呼んでいる。この熱の移動（輸送）現象は熱力学によって説明されるが、熱力学では熱的平衡状態を扱うため、熱の移動する方向は示せても熱の時間的変化（非平衡状態）は表せない。伝熱工学は熱の時間的変化を扱う学問となる。実際の工学、現場においては熱の移動速度、温度変化を理解することが必要となる。

　まず伝熱の3つの基本形態について述べる。伝熱は「熱伝導」「対流伝熱（熱伝達）」「ふく射伝熱（熱放射）」の3種類の形態に分類される。**図2.1**に伝熱の基本3形態を示す。熱伝導は温度分布の存在する物体（媒体）中を熱が移動する現象である。対流伝熱は固体の表面と温度が異なり、それに接して流動している流体（液体、気体）との間で起こる熱移動である。3つ目はふく射伝熱である。絶対零度ではない物体は内部エネルギーを有しており、その一部を電磁

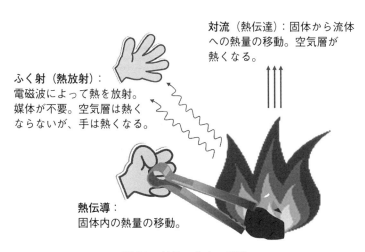

図2.1　伝熱の基本3形態

波エネルギーとして周囲に放射している。この電磁波を他の物体が吸収すると、内部エネルギーに変換されてその物体の温度が変化する。これがふく射伝熱である。ふく射伝熱は電磁波の形でエネルギーをやり取りするため媒体が不要である。太陽からの熱が地球に届くのはふく射伝熱によるものである。実際にはこれらの3つの伝熱形態が複合して熱移動が生じている場合が多い。次項以降にて、これら3つの伝熱形態の基礎理論を順に説明する。

2.2.2　熱伝導

熱伝導とは物体内の熱の移動であり、その流れを熱流という。いま、**図2.2**のように微小断面積 dA を有する面を通って単位時間当たりに $d\dot{Q}$ の熱量（単位時間当たりの熱の移動量）が通過している場合を考える。熱流の方向を x とすると、$d\dot{Q}$ は熱流の方向の温度勾配 dT/dx と通過面積 dA に比例し、フーリエの法則と呼ばれる次の関係が成り立つ。

$$\text{フーリエの法則}：d\dot{Q} = -k\frac{dT}{dx}dA \qquad (2\text{--}2)$$

比例定数 k は熱伝導率といい、[W/m・K] の次元をもつ物体の熱の流れやす

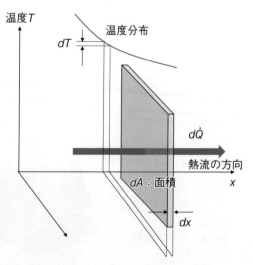

図2.2　微小面積を通過する熱の流れ

さを表す物性値である。dT/dx が負であるので、熱は高温から低温に流れる伝
熱量 $\dot{Q}$ が正になるように右辺にはマイナスがつく。

単位時間当たりに移動する熱量を大きくするには、

①温度勾配を大きくする

②断面積を大きくする

③熱伝導率の大きい材料を用いる

の3つ因子を考えればよいことが式(2-2)のフーリエの法則からわかる。**表2.2**
に様々な物質の熱伝導率を記す。液体、気体に比べて固体の熱伝導率が概して
大きいことがわかる。

単位面積を通過する伝熱量 $\dot{q}$ は熱流束といい、次の式で表される。

$$\dot{q} = \frac{d\dot{Q}}{dA} = -k\frac{dT}{dx} \qquad (2\text{-}3)$$

熱流束とは単位時間、単位面積当たりに移動する熱エネルギーを表す重要な

表2.2 様々な物質の熱伝導率（W/m·K）[300 K]

固体		液体		気体（1 atm）	
銀	429	水銀	8.3	ヘリウム	0.153
銅	403	水	0.599	空気	0.026
金	318	エタノール	0.17	アルゴン	0.019
アルミニウム	237				
シリコン	149				
黄銅	121				
亜鉛	116				
ニッケル	90.9				
鉄	80.4				
すず	66.8				
レンガ	25				
チタン	21.9				
ステンレス鋼（SUS304）	16.7				
石英ガラス	1.38				
グラスウール	0.034				

値である。また、熱の伝わりやすさを表す熱伝導率とは別に温度の伝わりやすさを表すには熱拡散率（温度伝導率）α が便利である。熱拡散率 α は式(2-4)で表される。熱拡散率が大きいほど熱は速く拡散する。熱拡散率の単位は[m²/s] であり、3章で説明する元素の拡散係数 D と同じ次元である。つまり熱と物質の移動現象は同様に取り扱える場合が多い。

$$\alpha = \frac{k}{c\rho} \qquad (2-4)$$

c：比熱、ρ：密度

2.2.3　対流伝熱

伝熱の2つ目の形態は対流伝熱である。**図2.3**(a)に示すように表面が T_w に加熱された平板が温度 T_∞ の流体に接している場合を考える。物体に接している流体に熱伝導によって熱が伝えられ、伝えられた熱は流体の移動に伴って輸送されるため、物体表面近傍には温度や流速が変化する温度境界層が形成する。このように熱伝導と流体移動による熱の輸送を対流伝熱という。対流の種類としては、自然対流と強制対流がある。物体に接しているのが静止流体である場合、物体からの熱移動によって流体温度は高くなる。高温では密度が減少するため、浮力によって対流が生じる。このような流体の密度差によって生じる流体移動を自然対流という。一方、送風などによって強制的に流体移動を生じさ

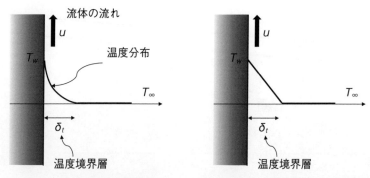

(a)　物体に接する流体の温度分布　　(b)　流体中の温度分布が直線と仮定

図2.3　対流と熱伝達（流体に接している物体）

せることを強制対流という。

　対流伝熱における熱流束$\dot{q}$および伝熱量$\dot{Q}$は次の式によって表すことができる。

$$\dot{q} = h(T_w - T_\infty) \tag{2-5}$$

$$\dot{Q} = hA(T_w - T_\infty) \tag{2-6}$$

T_w：固体表面の温度、

T_∞：流体のバルク温度（加熱固体から十分離れた流体の温度）、

h：熱伝達率（熱伝達係数）、A：表面積

　式(2-5)はニュートンの冷却法則として知られている。熱伝達率のおおよその大きさを**図2.4**に示す。熱伝達率の次元は[W/m²K]で、流体の物性値ではなく、流体の速度や性質（層流や乱流）、流体の温度などによって異なることに注意が必要である。ニュートンの冷却法則からわかるように、熱流束は物体/流体間の温度差と熱伝達率で決定する。ここで、図2.3(b)のように温度境界層において流体の熱伝導率がkで温度変化が直線的と仮定すると、熱流束はフーリエの法則から式(2-7)のように記述できる。

$$\dot{q} = -k\frac{(T_\infty - T_w)}{\delta_t} \tag{2-7}$$

δ_t：温度境界層の厚さ[m]

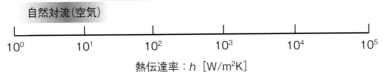

図2.4　種々の熱伝達率のおおよその範囲

式（2–5）および式（2–7）より、

$$h = \frac{k}{\delta_t} \tag{2-8}$$

が導かれる。つまり熱伝達率 h は流体の熱伝導率 k に比例し、温度境界層の厚さ δ_t に反比例することがわかる。

2.2.4　ふく射伝熱

伝熱の 3 つ目の形態はふく射伝熱である。この伝熱形態の特徴は熱を伝える媒体が不要であることである。絶対零度ではないある温度の物体が有する熱エネルギーが電磁波に変換されて輸送される。これが熱放射であり、これによる伝熱をふく射伝熱（放射伝熱）という。図 2.5 に物質表面から放射されるエネルギーの概念図を示す。表面からは物質からの熱放射エネルギーの他に反射エネルギーや物体の背後から透過してきた透過エネルギーが放出される。物質表面に入るあらゆる波長の熱放射エネルギーを完全に吸収する（反射も透過もしない）理想的な物体を黒体という。黒体は最もよく熱放射エネルギーを放出する物体でもある。

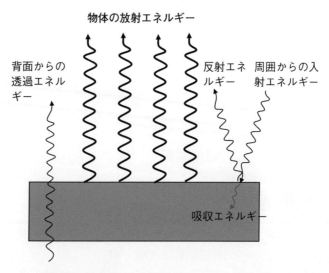

図 2.5　物質表面から放出されているエネルギー

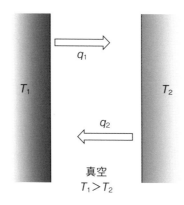

図 2.6 熱放射による伝熱

黒体面から放射される単位時間、単位面積当たりの熱放射エネルギー $\dot{q}$ は式 (2-9)で表される。

$$\dot{q} = \sigma T^4 \qquad (2\text{-}9)$$

T：固体の表面温度 ［K］、

σ：ステファン・ボルツマン係数 ［5.67×10^{-8} W/m²K⁴］

これはステファン・ボルツマンの式と呼ばれている。T は絶対温度であることに注意が必要である。実際の物体は理想的な黒体ではなく、表面の粗さや清浄度などによって吸収率や放射率が異なる非黒体である。非黒体においては、式(2-9)は放射率（ふく射率）ε（$0 \leqq \varepsilon \leqq 1$）を用いて次のように表される。

$$\dot{q} = \varepsilon \sigma T^4 \qquad (2\text{-}10)$$

放射率 ε は黒体を基準とした理想的な全放射エネルギー W と物体が放射するエネルギー W' との比率である（$\varepsilon = W'/W$）。

また、**図 2.6** のように絶対温度 T_1 および T_2 の異なる黒体間のふく射による伝熱量は、次のように表すことができる。

$$\dot{Q} = \sigma (T_1^4 - T_2^4) A \qquad (2\text{-}11)$$

A：表面積

2.2.5 熱伝導の基礎方程式

熱伝導による温度分布は、フーリエの法則と熱量保存則を用いて微分方程式

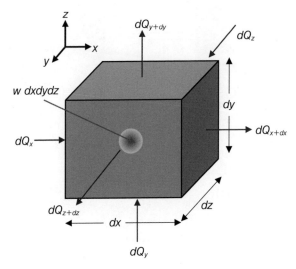

図2.7　微小体積要素に出入りするエネルギーのつり合い

（熱伝導方程式）で表すことができる。ここで温度分布を有する均一物体内からとりだした微小要素（大きさ$dxdydz$）を考える（**図2.7**）。時間dtの間に$dydz$面を通ってx方向に流入する熱量dQ_xはx方向の熱伝導率をk_xとしてフーリエの法則より次のようになる。

$$dQ_x = -k_x \frac{\partial T}{\partial x} dydz \cdot dt \tag{2-12}$$

また、この微小要素の右の面から流出する熱量dQ_{x+dx}は、dQ_xをテイラー展開し、第2項までを採用すると、

$$dQ_{x+dx} = dQ_x + \frac{\partial}{\partial x}(dQ_x)dx + \cdots$$

$$\approx -k_x \frac{\partial T}{\partial x} dydz \cdot dt - \frac{\partial}{\partial x}\left(k_x \frac{\partial T}{\partial x}\right)dxdydz \cdot dt \tag{2-13}$$

と表すことができる。よって、x方向からこの微小要素に入った正味の熱量は、次のようになる。

$$dQ_x - dQ_{x+dx} = \frac{\partial}{\partial x}\left(k_x \frac{\partial T}{\partial x}\right)dxdydz \cdot dt \tag{2-14}$$

y 方向、z 方向も同様に表すことができる。

$$dQ_y - dQ_{y+dy} = \frac{\partial}{\partial y}\left(k_y \frac{\partial T}{\partial y}\right)dxdydz\cdot dt \tag{2-15}$$

$$dQ_z - dQ_{z+dz} = \frac{\partial}{\partial z}\left(k_z \frac{\partial T}{\partial z}\right)dxdydz\cdot dt \tag{2-16}$$

さらに微小要素内部で単位時間、単位体積当たり w の内部発熱が生じているとすれば、この要素内での発熱量は、

$$w\cdot dxdydz\cdot dt \tag{2-17}$$

となる。よって、式(2-14)から式(2-17)までを加えたものが微小要素内の内部エネルギーの増加となり温度上昇が生じる。比熱 c、密度 ρ の物体が dT 温度上昇したときの内部エネルギー増加は、

$$c\rho dT\cdot dxdydz \tag{2-18}$$

であるので、式(2-14)から式(2-18)よりエネルギー収支を表す次の3次元熱伝導方程式(2-19)が得られる。

$$c\rho\frac{\partial T}{\partial t} = \frac{\partial}{\partial x}\left(k_x\frac{\partial T}{\partial x}\right) + \frac{\partial}{\partial y}\left(k_y\frac{\partial T}{\partial y}\right) + \frac{\partial}{\partial z}\left(k_z\frac{\partial T}{\partial z}\right) + w \tag{2-19}$$

この熱伝導方程式を与えられた境界条件のもとで解くことにより温度分布を位置と時間の関数 $T(x,y,z,t)$ として求められる。

ここで、熱伝導率が温度によらず一定で、$k=k_x=k_y=k_z$ の等方性物質とすると、式(2-19)は次のように表すことができる。

$$\frac{\partial T}{\partial t} = \frac{k}{c\rho}\left(\frac{\partial^2 T}{\partial x^2}\right) + \frac{k}{c\rho}\left(\frac{\partial^2 T}{\partial y^2}\right) + \frac{k}{c\rho}\left(\frac{\partial^2 T}{\partial z^2}\right) + \frac{w}{c\rho} \tag{2-20}$$

また式(2-4)の熱拡散率 α を用いると式(2-21)が得られる。

$$\frac{\partial T}{\partial t} = \alpha\left(\frac{\partial^2 T}{\partial x^2} + \frac{\partial^2 T}{\partial y^2} + \frac{\partial^2 T}{\partial z^2}\right) + \frac{w}{c\rho} \tag{2-21}$$

2.2.6　定常熱伝導と非定常熱伝導

熱伝導は大きく定常熱伝導と非定常熱伝導の2つの場合に分けて考えられる。前者は物体内の温度分布が時間に依存せず一定の場合であり、後者は時間の経

過とともに温度分布が変化する場合である。ここでは定常状態および非定常状態の簡単な熱伝導について説明する。

①定常熱伝導

　定常状態でかつ内部発熱がない場合、式(2-20)の熱伝導方程式において$\dfrac{\partial T}{\partial t}$ = 0 および w = 0 を代入することで表すことができ、次のようなラプラス型の方程式が導かれる。

$$\frac{\partial^2 T}{\partial x^2} + \frac{\partial^2 T}{\partial y^2} + \frac{\partial^2 T}{\partial z^2} = 0 \qquad (2\text{-}22)$$

1次元の熱伝導を考えると、さらに次のように簡単に表すことができる。

$$\frac{\partial^2 T}{\partial x^2} = 0 \qquad (2\text{-}23)$$

　このような基礎微分方程式は、フーリエの法則と微小要素の熱収支を考えて、その場合に応じた式を求め、境界条件を与えて解くことができる。ここでは一例として、**図 2.8** に示すような両側の表面温度がそれぞれ T_1、T_2 で、厚さ δ、表面積 A、熱伝導率 k の平板における温度分布と熱流量の求め方を示す。

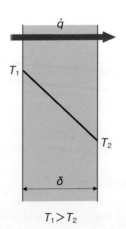

図 2.8　平板における1次元定常熱伝導

定常1次元問題で内部発熱がない場合、式(2-23)より、

$$\frac{d^2T}{dx^2}=0 \tag{2-24}$$

また境界条件は、

$$\left.\begin{array}{l} x=0 \, ; \, T=T_1 \\ x=\delta \, ; \, T=T_2 \end{array}\right\} \tag{2-25}$$

となり、式(2-24)の微分方程式を(2-25)の境界条件のもとで解くと次の温度分布が求まる。

$$T=T_1-\frac{x}{\delta}(T_1-T_2) \tag{2-26}$$

このように状況に応じて微分方程式を解くことで、定常状態の温度分布を求めることができる。

また、フーリエの法則の式(2-2)を積分することで単位時間当たりの熱流量 $\dot{Q}$ が次のように求まる。

$$\dot{Q}=A\dot{q}=Ak\frac{T_1-T_2}{\delta} \tag{2-27}$$

②非定常熱伝導

非定常状態の場合、微分方程式が少し複雑になるが、無限平板、無限円柱、無限円筒、球、球殻の熱伝導問題では、空間的に1次元で表すことができ、非定常1次元熱伝導方程式は、式(2-28)のように表すことができる[21]。

$$\frac{\partial T}{\partial t}=\alpha\frac{1}{r^\sigma}\frac{\partial}{\partial r}\left(r^\sigma\frac{\partial T}{\partial r}\right)+\frac{w}{c\rho} \tag{2-28}$$

（$\sigma=0$：無限平板、$\sigma=1$：無限円柱と無限円筒、$\sigma=2$：球と球殻）

またここから半無限平板で内部発熱がない場合の非定常一次元熱伝導方程式は式(2-29)のように表される。

$$\frac{\partial T}{\partial t}=\alpha\frac{\partial^2 T}{\partial x^2} \tag{2-29}$$

いま、**図2.9**のように温度 T_0 の半無限物体（内部発熱なし）の表面を T_s に

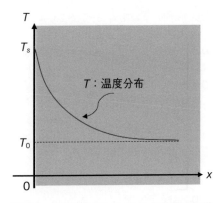

図2.9　半無限物体における非定常熱伝導

保持した場合の物体の温度分布を考える。初期条件および境界条件は、

　　　初期条件：$t = 0$ で $T = T_0$

　　　境界条件：$x = 0$ で $T = T_s$、$x = \infty$ で $T = T_0$

となり、この条件下で式(2-29)を解くと、半無限物体内の温度は式(2-30)で表すことができる。

$$\frac{T - T_0}{T_s - T_0} = 1 - erf(\eta) = erfc\left(\frac{x}{2\sqrt{\alpha t}}\right) \qquad (2\text{-}30)$$

$$ここで、\quad \eta = \frac{x}{2\sqrt{\alpha t}} \qquad (2\text{-}31)$$

$erf(\eta)$ は誤差関数、$erfc(\eta)$ は相補誤差関数（$erfc(\eta) = 1 - erf(\eta)$）である。誤差関数表を巻末に示す。式(2-30)のグラフ（温度分布）を**図2.10**に示す。温度 T は η で決まることがわかる。実際問題では、表面の温度がどの程度まで内部に伝熱するかを見積もるケースが多い。たとえば、物体内部の温度（T）が表面温度（T_s）の1％となる深さを温度浸透深さとすると、$erfc(\eta) = 0.01$ となる η を誤差関数表（あるいは図2.10）から読み取ると $\eta = 1.8$ となる。よって温度浸透深さは式(2-31)より、

$$x = 3.6\sqrt{\alpha t} \qquad (2\text{-}32)$$

となる。このように物質の熱拡散率が既知であれば、時間に対して熱が内部にどの程度伝わるかをおおよそ見積もることができる。

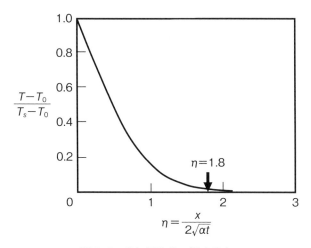

図 2.10 半無限物体の温度分布

　初期状態や境界条件によって非定常熱伝導の問題はより複雑になる。本書は伝熱の専門書ではないので、熱伝導についてより深く学ぶ場合は参考文献(2.1)や章末に挙げたその他の参考図書を参考にされたい。

■ 2.3　熱回路と等価回路

2.3.1　定常状態

　これまでに熱伝導方程式を解くことで温度分布が求められることを示したが、おおよその温度を見積もるには以下に記す熱抵抗の考え方が便利である。図2.8のような無限平板における1次元定常熱伝導の場合、伝熱量を表す式(2-27)は次のように書くことができる。

$$\Delta T = \frac{\delta}{kA}\dot{Q} \qquad (2\text{--}33)$$

　また、図2.3のような熱対流における温度変化 ΔT はニュートンの冷却法則によって次のように書ける。

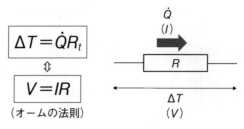

図 2.11　熱伝導と電気伝導のアナロジー（類似性）

$$\Delta T = \frac{1}{hA}\dot{Q} \qquad\qquad (2\text{-}34)$$

　式(2-33)および(2-34)は温度差 ΔT（ポテンシャル差）は熱流量 $\dot{Q}$ に δ/kA や $1/hA$ という抵抗を乗じた形とみなすことができ、電気回路におけるオームの法則（$V=IR$）と類似性があることがわかる（**図 2.11**）。物理現象においては、ポテンシャル差が生じると熱や電流などの流れが生じ、その流れに対しては抵抗が存在する。伝熱現象においてはこの抵抗を熱抵抗（R_t）という。熱伝導および熱伝達における熱抵抗はそれぞれ以下のようになる。

$$\text{熱伝導における熱抵抗}：R_t = \frac{\delta}{kA}$$

$$\text{熱伝達における熱抵抗}：R_t = \frac{1}{hA}$$

　このオームの法則との類似性は非常に便利であり、抵抗の直列回路、並列回路など熱抵抗と電気抵抗は同じように扱うことができる。熱伝導の直列回路と並列回路および熱伝達と熱伝導が直列の場合の例を**図 2.12** に示す。図 2.12 (a) のように無限平板が直列につながっている場合、全熱抵抗は各平板の熱抵抗の和となる。

$$R_t = R_1 + R_2 + R_3 = \frac{\delta_1}{k_1 A} + \frac{\delta_2}{k_2 A} + \frac{\delta_3}{k_3 A} \qquad (2\text{-}35)$$

よって定常状態では、

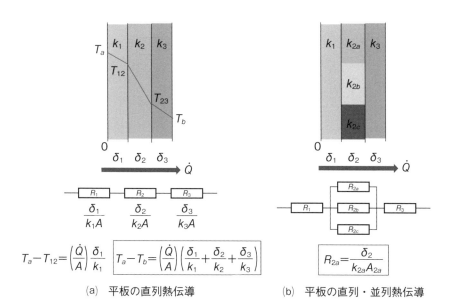

$$T_a - T_{12} = \left(\frac{\dot{Q}}{A}\right)\frac{\delta_1}{k_1} \qquad \boxed{T_a - T_b = \left(\frac{\dot{Q}}{A}\right)\left(\frac{\delta_1}{k_1} + \frac{\delta_2}{k_2} + \frac{\delta_3}{k_3}\right)}$$

$$\boxed{R_{2a} = \frac{\delta_2}{k_{2a}A_{2a}}}$$

(a) 平板の直列熱伝導   (b) 平板の直列・並列熱伝導

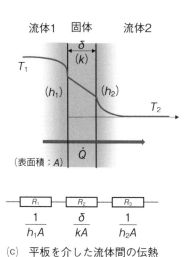

(c) 平板を介した流体間の伝熱
　　(熱伝達＋熱伝導)

図 2.12　いくつかの熱回路

$$T_a - T_b = \left(\frac{\dot{Q}}{A}\right)\left(\frac{\delta_1}{k_1} + \frac{\delta_2}{k_2} + \frac{\delta_3}{k_3}\right) \tag{2-36}$$

となる。また、図 2.12 (b) のような場合は、真ん中の平板は並列回路として扱うことになるので、真ん中の平板の熱抵抗 R_2 は次のように表すことができる。

$$\frac{1}{R_2} = \frac{1}{R_{2a}} + \frac{1}{R_{2b}} + \frac{1}{R_{2c}} \tag{2-37}$$

また図 2.12 (c) のように固体が流体に挟まれているような場合は熱伝達と熱伝導の直列回路として扱えばよく、この場合の全熱抵抗 R_t は、

$$R_t = R_1 + R_2 + R_3 = \frac{1}{h_1 A} + \frac{\delta}{kA} + \frac{1}{h_2 A} \tag{2-38}$$

となり、定常状態であれば、

$$T_1 - T_2 = \frac{\dot{Q}}{A}\left(\frac{1}{h_1} + \frac{\delta}{k} + \frac{1}{h_2}\right) \tag{2-39}$$

となる。このように定常状態では単純な抵抗回路を用いて温度を見積もることが可能となる。

2.3.2　非定常状態

非定常状態（温度が時間とともに変化する状態）の熱回路においても電気回路との類似性を利用することができる。温度 T_0 の物体（体積 V、比熱 c、密度 ρ）を温度 T_∞ の水に入れたときの物体の温度変化を考える（**図 2.13**）。物体内部には温度分布は存在せず、均一温度場であると仮定する（熱伝導率が無限に

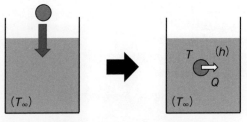

物体（$T = T_0$、体積 V、比熱 c、密度 ρ）

図 2.13　非定常熱伝導の例

大きい物質を仮定)。このとき物体から移動する熱量が物体の内部エネルギーの変化と等しいので次式が成り立つ。

$$hA(T - T_\infty) = c\rho V \frac{dT}{dt} \tag{2-40}$$

　左辺が物体から移動する熱量、右辺が物体の内部エネルギー変化を表している。式(2-40)を初期条件($t = 0$；$T = T_0$)のもとで解いて以下の式を得る。

$$\frac{T - T_\infty}{T_0 - T_\infty} = \exp\left(-\frac{hA}{c\rho V}t\right) \tag{2-41}$$

　ここで、

$$\tau = \frac{1}{hA} \times c\rho V \tag{2-42}$$

とすると、式(2-41)は次のようになる。

$$\frac{T - T_\infty}{T_0 - T_\infty} = \exp\left(-\frac{t}{\tau}\right) \tag{2-43}$$

　式(2-42)の右辺の$1/hA$は物体から水への熱伝達における熱抵抗を表している。また$c\rho V$は物質の熱容量C[J/K]を表している。熱容量とはその物質を1 K温度変化させるのに必要な熱量で、質量m[kg]と比熱c[J/kg K]の積で表すことができる。

$$C = mc = c\rho V \tag{2-44}$$

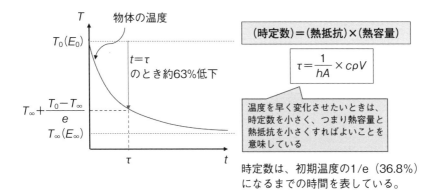

図 2.14　液中に入れられた物体の温度変化

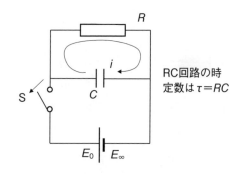

RC回路の時
定数は τ＝RC

Sを閉じて十分時間が経ったのち、キャ
パシタには $C(E_0-E_\infty)$ の電荷がたまる。

$t=0$ でSを開けると、コンデンサに蓄積され
た電荷は抵抗 R を通して放電する。

図 2.15　物体の冷却に等価な電気回路

　式（2-43）のグラフを**図 2.14**に示す。$t=\tau$ のとき温度は初期の約 37 ％まで冷
却されている（$\exp(-1)\fallingdotseq0.368$）。この τ は時定数と呼ばれ、ここでは熱抵抗
と熱容量の積で表される（式（2-42））。つまり温度を早く変化させたい場合は
時定数を小さくすればよいことがわかり、そのためには熱容量か熱抵抗を小さ
くすればよいことを示している。この物体の冷却は**図 2.15**に示す RC 電気回路
と類似性がある。この回路において、スイッチSを閉じて十分に時間が経過し
たのち、キャパシタには電荷がたまる。$t=0$ でスイッチを開けると、キャパシ
タに蓄積された電荷は抵抗 R を通して放電する。このとき流れる電流は図 2.14
と同様の変化を示す。RC 回路の時定数は $\tau=RC$ であり、温度変化の場合と同
様であることがわかる。このように物体が冷えるまでに要するおおよその時間
は熱伝導方程式を解かなくても電気回路における過渡応答問題と同様に時定数
を求めることで概算が可能である。

■2.4　温度に依存した物理現象および物性

　本章の冒頭で述べたように、温度変化に伴い物質の大きさ、電気抵抗などの

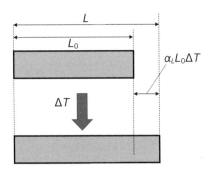

図 2.16 温度変化に伴う物質の大きさ変化

物理量が変化し、さらにそれによって製品に生じる負荷が変化するため、ものづくりにおいては温度の管理が非常に重要である。また、物理定数そのものも温度依存性を有している。以下に温度変化に対して変化する物質の大きさ、物性について説明する。物質移動現象（拡散）も温度の変化とともに変化し、異材界面における反応拡散やボイドの生成を引き起こすなど重要な現象であるが、これについては3章で述べる。

2.4.1 物質の大きさ

物質は温度変化に対して伸びたり縮んだりする。初期長さ L_0 の物質の温度が ΔT 変化したときの物質の伸び量 ΔL は次の式で求められる（**図 2.16**）。

$$\Delta L = \alpha_L L_0 \Delta T \tag{2-45}$$

L_0：初期長さ、T：温度、α_L：線膨張係数

よって温度が ΔT 変化したときの物質の長さ L は、次式で表される。

$$L = L_0(1 + \alpha_L \Delta T) \tag{2-46}$$

いくつかの物質の線膨張係数を**表 2.3** に示す。表に示したように物質は温度が変化すると伸び縮みするため、製品の設計には注意が必要である。鉄道用レールの継ぎ目に隙間が設けてあるのは、気温変化に伴ってレールの長さが変わるためである。また焼き嵌めなどのものづくりの手法として利用されている例もある。

物質の伸び方は線膨張係数によって異なるため、線膨張係数の異なる部材を

表2.3　種々の物質の線膨張係数

物質	線膨張係数 $(10^{-6}/K)$	物質	線膨張係数※ $(10^{-6}/K)$
Ag	19.6	石英	10.3
Al	23.9	アルミナ	5.4
Au	14.2	インバー	0.2–2.0
Bi	13.4	コバール	4.9–5.1
Cu	17.1	FR–4	14–15
Ni	13.3	エポキシ樹脂	62
Pb	29.1	ポリエステル	84
Pt	9.1		
Sb	8.4–11.0		
Sn	23.8		
Zn	31		
Si	3.4		

※純物質以外は、製法や純度によって値に幅があるので、あくまで参考値
※20 ℃

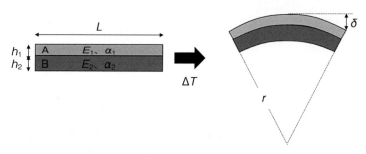

図2.17　異材接合体の温度変化に伴う反り

接合した異材接合体では温度変化に伴って反りや熱応力が発生する。これを工業的に利用したのがバイメタルである。**図2.17**に示すようにA材とB材の異材接合体は温度変化に伴って反り変形する。両材料を弾性変形体と仮定し、両材料の厚さをh_1、h_2とすると、ΔTの温度変化を与えた後の接合体の曲率半径rは式(2-47)で表される[2.2]。

$$\frac{1}{r} = \frac{6(\alpha_2 - \alpha_1)(1+m)^2 \Delta T}{h[3(1+m)^2 + (1+mn)\{m^2 + (mn)^{-1}\}]} \tag{2-47}$$

$$(h = h_1 + h_2, \quad m = h_1/h_2, \quad n = E_1/E_2)$$

このように、反りは両材料の厚さ、線膨張係数、ヤング率および温度変化量によって決まることがわかる。同様に、異材接合体には熱応力が生じ、製品の信頼性に大きく影響する。熱応力に対する信頼性設計については5章で述べる。

2.4.2 温度依存性のある物性

材料の物性の多くは温度依存性を有する。たとえば、電気抵抗を例にとると、主な金属材料の電気抵抗は温度に比例して増大し、主な半導体の電気抵抗は温度上昇に対して低下する。断面積 A [m²]、長さ L [m]、電気抵抗率 δ [Ωm] の物質の電気抵抗 R [Ω] は次式で表され、長さに比例し断面積に反比例する。

$$R = \delta \frac{L}{A} \tag{2-48}$$

ただし、電気抵抗率は温度に依存して変化するため、物質の電気抵抗もそれに伴って変化する。温度が T_0 から T まで変化したときの電気抵抗率 δ の変化

表2.4　種々の金属の電気抵抗率の温度係数

金属	温度係数 (10^{-3}/K) [0～100 ℃]
Ag	4.1
Al	4.2
Au	3.9
Bi	4.2
Cu	4.3
Ni	6.81
Pb	3.36
Pt	3.92
Sb	5.1
Sn	4.2
Zn	4.2

量は次式で表すことができる。

$$\delta = \delta_0[1 + \alpha_e(T - T_0)] \tag{2-49}$$

δ：電気抵抗率、δ_0：温度 T_0 のときの電気抵抗率、α_e：電気抵抗率の温度係数

α_e は物質によって異なる。主な金属の α_e を**表 2.4** に示す。

　その他にも比熱、熱伝導率などの伝熱に関係する物性、弾性率、耐力、硬さなどの力学的物性、物質移動現象に関係する拡散係数など多くの物性が温度に依存して変化する。参考文献（2.3）には金属についての多くの物性の温度依存性が掲載されているので参考にされたい。

■2.5　温度測定

　生産現場では温度管理が重要になるため各種温度センサ（温度計）を用いて温度が測定されている。しかしその測定原理を理解していないと適切な測定条件を満たしていないことがあるので注意が必要である。

　ガラス温度計やバイメタル温度計は、物質の熱膨張を利用した温度センサである。ガラス温度計は最も身近にある棒状温度計であり、一般的にはガラスに封入された感温液の熱膨張を読み取ることで測温が可能である。使用温度域に応じて適した感温液（水銀、アルコールなど）が封入された棒状温度計を選定する。バイメタル温度計は図 2.17 に示したような異材接合体の反りを利用した温度センサで、サーモスタットに使用されている。その他、磁気特性を利用した感温フェライト温度センサ、弾性率を利用した水晶温度センサなど温度に依存した物性を利用した温度センサが多数ある。以下には、生産現場でよく用いられる高温まで測定できる温度センサとして、接触型の熱電対、また非接触型の放射温度計について説明する。

2.5.1　熱電対

　図 2.18 に示したように 2 種類の均質な金属導体 A および B で構成された閉回路を考える。両接点の温度を T_1 と T_2 とする。$T_1 = T_2$ のときは回路に電気は流れないが、$T_1 \neq T_2$ の場合は回路に電流が流れる（図 2.18 (a)）。また、図

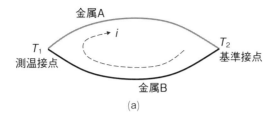

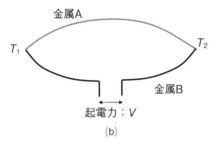

図 2.18 熱電対の原理（ゼーベック効果）

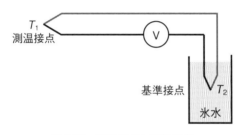

図 2.19 基準接点と測温接点

2.18(b)のように回路を開くとそこに式(2-50)で表される起電力 V が生じる。

$$V = a(T_2 - T_1) + b(T_2^2 - T_1^2) + \cdots \qquad (2\text{--}50)$$

このように温度差によって両接点間に熱起電力が生じる現象をゼーベック効果という。熱起電力の大きさは2つの金属の種類と両接点の温度によってのみ定まり、金属の形状や大きさには無関係である。つまり、2種の金属の種類と熱起電力の大きさ、片側の接点の温度が既知であればもう一方の接点の温度を知ることができる。この現象を利用しているのが熱電対となる。測温側の測温接点に対して基準にする側の接点を基準接点（冷接点）と呼ぶ。基準接点は氷水を入れた容器中において $T_2 = 0\,℃$ に保つことが標準的であり、閉回路を開い

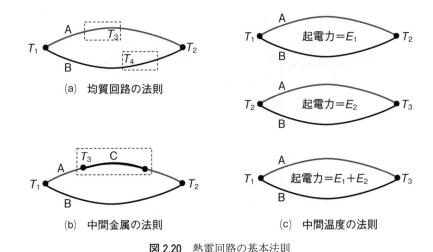

図 2.20 熱電回路の基本法則

てその電位差を読み取ることで温度に換算する（**図 2.19**）。

　熱電対の閉回路には**図 2.20** に示す3つの基本法則が成り立つ[24]。実際の計測においては、この3法則に注意をする必要がある。

(1)均質回路の法則

　単一の均質な導体で構成されている閉回路においては温度差があっても熱起電力は発生しない。つまり図 2.20 (a)のように導体 A と導体 B の中間部分に温度 T_3 および T_4 の領域が存在しても、導体が均質であれば閉回路の熱起電力は両接点の温度 T_1 と T_2 によって定まる。逆に言えば、導体が不均質でその部分に温度差があると出力に影響が出る。

(2)中間金属の法則

　多数の異種金属線で構成されている閉回路では、回路全体が一様な温度であれば起電力はゼロである。図 2.20 (b)のように導体 A、導体 B および導体 C で構成された回路において、異種金属の接点は4か所存在する。しかし導体 C の温度が全長にわたって均一（C の両端の接点が同じ温度 T_3）であれば、出力は C の影響を受けない。

(3)中間温度の法則

　2種類の金属線の接点温度が T_1 と T_2 である閉回路の熱起電力が E_1、T_2 と

2.5 温度測定

表 2.5 熱電対の種類[25]

種類*	階級 [級]	線径 [mm]	最高使用限度		温度検出許容差
			常用 [℃]	過熱使用 [℃]	
B	0.5	0.5	1500	1700	±4℃（600〜800℃） 測定温度の 0.5 %（800℃〜常用 限度）
R（PR） S	0.25	0.5	1400	1600	±1.5℃（0〜600℃） 測定温度の 0.25 %（600〜1600℃）
K（CA）	0.4 および 0.75	0.65 1.00 1.60 2.30 3.20	650 750 850 900 1000	850 950 1050 1100 1200	0.4 級、±1.6℃（0〜400℃） 測定温度の 0.4 %（400℃〜常用 限度） 0.75 級、±3℃（0〜400℃） 測定温度の 0.75 %（400℃〜常用 限度）
J（IC）	0.75 および 1.5	0.65 1.00 1.60 2.30 3.20	400 450 500 550 600	500 550 650 750 800	0.75 級、±3℃（0〜400℃） 測定温度の 0.75 %（400℃〜常用 限度） 1.5 級、±6℃（0〜400℃） 測定温度の 1.5 %（400℃〜常用 限度）
T（CC）	0.75	0.32 0.65 1.00 1.60	200 200 250 300	250 250 300 350	±1.5℃（0〜200℃） 測定温度の 0.75 %（200〜300℃）
E（CRC）	0.75	0.65 1.00 1.60 2.30 3.20	450 500 550 600 700	500 550 650 750 800	±3℃（0〜400℃） 測定温度の 0.75 %（400℃〜常用 限度）

* B：白金・6 % ロジウム合金-白金・30 % ロジウム合金、R：白金-白金・13
% ロジウム合金、S：白金-白金・10 % ロジウム合金、K：クロメル-アルメ
ル、J：鉄-コンスタンタン、T：銅-コンスタンタン、E：クロメル-コンスタン
タン、（ ）内は旧 JIS による。

（日本金属学会編：金属データブック）

T_3 である閉回路の熱起電力が E_2 のとき、接点温度が T_1 と T_3 である閉回路の
熱起電力は E_1+E_2 となる（図 2.20 (c)）。

現在 JIS で規格されている熱電対の種類と線径と適用温度域を**表 2.5**に示す[25]。

熱起電力が温度に対して直線性を有する温度範囲は、組み合わせる金属の種類（熱電対）と温度差で決まるので、各熱電対にはそれぞれ適用温度範囲があることに注意が必要である。Ｋタイプ（クロメル–アルメル）は安価で使用温度域が広く、かつ温度と熱起電力との関係が直線的であるので工業用として最も広範に使用されている。また、Ｔタイプ（銅–コンスタンタン）は電気抵抗が小さく、低温度域での精密測定に適している。白金–白金ロジウム系のＲタイプやＢタイプは高価であるが、耐酸化性に優れているので高温度域での精密測定に適している。測温対象の温度変化速度が大きい場合は、線形が細いものを用いるとよい。これは線形が細いほど熱電対そのものの熱容量が小さく、応答性がよくなる（時定数が小さい）ためである。

　測温対象物と温度指示計（電位差計）との距離が遠い場合は熱電対に補償導線で結線すればよい。図 2.19 のように基準接点は 0 ℃に保つのが標準的であるが、近年は自動基準接点補償回路を組み込んだデジタルミリボルトメータを利用する場合が増えている。

2.5.2　放射温度計

　熱電対以外で温度測定に用いられることが多いのは放射温度計である。熱電対による温度測定は、熱電対の先端の温度を測定するため、熱電対の先端が測温対象に接している（あるいは極近傍にある）ことが必要である。放射温度計は伝熱の形態の 1 つである熱放射（ふく射）を利用しているため非接触で測温が可能である特徴を持つ。2.2.4 で述べたように絶対零度でないすべての物体は電磁波の形で絶対温度の 4 乗に比例する熱エネルギーを放出している。物体から放射される赤外線や可視光線の熱放射は黒体放射によって生じ、ステファン・ボルツマンの法則によって物体の温度を算出することが可能となる。放射エネルギーは波長の関数であり、どの波長を利用するかによって放射温度計が異なる。全放射温度計はあらゆる波長の放射を利用し高温の測定に用いられることが多い。光温度計は波長 0.65 μm 程度の単色に近い可視光線の狭い波長範囲の放射を利用し、700 ℃以上の温度の測定に適している。また赤外線温度計は波長 15 μm までの赤外線を利用している。

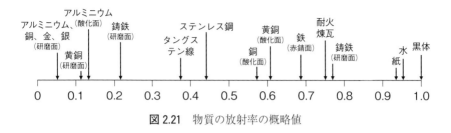

図 2.21　物質の放射率の概略値

　実際の物体は理想的な黒体ではなく、表面の清浄度などによって吸収率や放射率が異なる非黒体であり、放射エネルギー（伝熱量）は式(2-9)で表される。放射温度計の検出素子には図 2.5 で示したように物体の温度を反映した放射エネルギーの他に、周囲からの反射エネルギー、背後からの透過エネルギーが入射される。検出素子に入射する全エネルギーを 1 としたときの物体の放射エネルギーの割合が放射率 ε であるので、対象の物体の放射率 ε が特定されなければ正確な測温ができない。放射率は物体の材質、表面状態によって異なるので、測温対象の材質、表面状態を鑑みて放射率を補正し、温度測定しなければならない。図 2.21 に種々の物質の放射率を示す。ただし、放射率は表面状態によって異なるため、図 2.21 はあくまで参考値である。放射率の補正手段としてはおもに 3 種類ある。①接触式温度計の併用、②放射率既知物体による被覆、③表面加工による放射率の向上、である。①の場合、測定部分の近傍に熱電対などの温度計を取り付けて、その指示温度に放射温度計の指示が同一になるように放射率を決定する。②の場合は、放射率が高い既知の黒体塗料や黒体テープを測定部分に塗布あるいは貼付することが多い。ただし、この場合に測定された温度は塗料表面温度であることに注意が必要である。③の場合、深い細孔を表面に設けることで実行放射率が向上することが知られているが[2.6]、測温対象の表面を加工できることが条件となる。

【参考文献】

(2.1)　庄司正弘：伝熱工学，東京大学出版会，（1999）

(2.2)　S. Timoshenko: J. Optical Society of America, 11 (3), pp. 233–255 （1925）

(2.3)　日本金属学会編：金属データブック　改訂 3 版，丸善株式会社，（1993）

(2.4) 二木久夫，村上孝一：温度センサ，日刊工業新聞社，p. 103（1980）

(2.5) JIS C1602-1995

(2.6) 青山聡：放射温度計測と放射率，日本赤外線学会誌，4（2），pp. 96-105（1994）

【その他の参考図書】

(1) 吉田駿：伝熱学の基礎，オーム社，（2019）

(2) 南茂夫，木村一郎，荒木勉：はじめての計測工学，講談社，（2012）

(3) 小山敏行：例題で学ぶ伝熱工学，森北出版，（2012）

(4) 相原利雄：エスプレッソ伝熱工学，東京裳華房，（2009）

(5) 日本機会学会編：JSME テキストシリーズ伝熱工学，日本機械学会，（2005）

(6) 国峰尚樹，藤田哲也，鳳康宏：トコトンやさしい熱設計の本，日刊工業新聞社（2012）

【第2章の演習問題】

【2-1】 図のように基板上にチップ（5×
5mm）がはんだ付されている場合を考える。
チップが10Wで発熱を続けているとき、
以下の問いに答えよ。はんだの厚さは
0.1mm、基板厚さは1mmとする。また、
チップ、はんだ、基板のサイズはすべて同
じものとする。はんだと基板の熱伝導率は

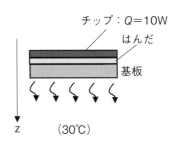

それぞれ63W/mK、25W/mKとし、雰囲気温度は30℃とする。放熱は基板
下面からのみとし、チップおよび基板の側面、上面からの放熱は無視できるも
のとする。チップは薄く、均一温度とする。また、熱の水平方向への拡がりは
無視して、z方向への1次元熱伝導問題として扱うこと。

(1) 基板/空気間の熱伝達率が1000（W/m²K）のとき、チップの温度は何℃
   に到達するかを熱回路を描いて求めよ。

(2) チップ温度を100℃以下にするために必要な基板/空気間の熱伝達率を
   求めよ。

【2-2】 図1のように面積400mm²のアルミニウ
ムとステンレス鋼が接着剤によって接合してい
る積層体を考える。今、アルミニウム表面にヒ
ーターが接しており、ステンレス鋼の方へ熱が
移動するx方向への一次元熱伝導を考える。以
下の問いに答えよ。

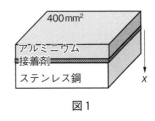

図1

アルミニウム、接着剤、ステンレス鋼および
銅の熱伝導率は、それぞれ230W/mK、0.2W/
mK、20W/mKおよび400W/mKとする。ま
た、アルミニウム、接着剤、ステンレス鋼の厚
さは、それぞれ3mm、1mmおよび5mmとす
る。

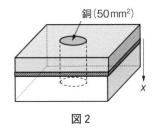

図2

(1)　図 1 における x 方向の全熱抵抗を求めよ。また、それぞれの層の熱抵抗を比べて、どの層の厚さ、材質を変えることが熱抵抗を減少させるのに有効なのかを考えよ。

(2)　**図 2** のように積層体の中心に 3 層を突き抜けるように断面積 50 mm² の銅棒を挿入した。x 方向の全体の熱抵抗を求めよ。

【2-3】 図のように、20 ℃ の環境下に置かれていた銅板の表面（$x=0$）を瞬時に 200 ℃（T_s）に保持した場合を考える。このとき、表面から 10 mm の位置での 1 s 後の温度を求めよ。ただし、銅板は十分に厚く、半無限物体と考える。銅の熱伝導率は 400 W/mK、密度は 8.90 g/cm³、比熱は 0.385 J/g·K とする。

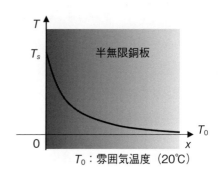

T_0：雰囲気温度（20 ℃）

【2-4】 長さ 10 mm、線径 200 μm のアルミニウムワイヤを考える。アルミニウムの 20 ℃ における線膨張係数 α_L は 23.9×10⁻⁶ K⁻¹、体積固有抵抗率（比抵抗 ρ）は 2.8×10⁻⁸ Ωm、抵抗率の温度係数 α は 0.0042 である。このワイヤを 200 ℃ に加熱したとき、以下の問いに答えよ。

線膨張係数、抵抗率および温度係数は温度によらず一定とする。

(1)　200 ℃ における伸び量を求めよ。

(2)　200 ℃ における電気抵抗を求めよ。ただし、線膨張による伸びは無視してよい。

【2-5】 熱電対は補償導線を介して測定機器に接続されているので、測定回路には多くの異種金属接点が存在している。それにもかかわらず被測温物の温度がこれらの導線、測定機器およびその接点の影響を受けずに測定できるのはなぜか説明せよ。

第3章 エレクトロニクス実装における接合界面反応の基礎

　工業材料は、**図3.1**のように大別される。**図3.2**にパワー半導体モジュールの構造例を示すが、銅、アルミニウムおよびはんだは非鉄金属材料、Siやセラミックスは無機材料、エポキシ樹脂やシリコンゲルは有機材料に分類される。近年、車載材料においては、CO_2の排出量削減に向けた車体の軽量化による燃費向上策が検討されており、衝突安全性や操縦安定性を確保するための高強度・高剛性な高張力鋼を骨格材としてアルミニウムなどの軽金属や樹脂材料を適材適所に採用するマルチマテリアル化が進行している[3.1]。図3.2に示したように、エレクトロニクス実装製品においても、古くより様々な材料が使用されており、電子版マルチマテリアルと言っても過言ではない。次世代パワー半導体として採用が進むSiCやGaNなどのワイドギャップ半導体の優れた特性を発揮するためには、有機/無機界面をはじめとする様々な異材・異相界面での熱機械的性

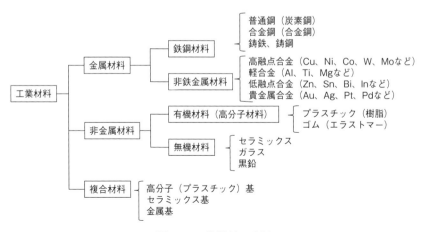

図 3.1　工業材料の分類

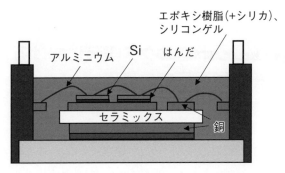

図 3.2　パワー半導体モジュールの構造例

質および電気的性質の伝達損失を極力小さくする必要がある。現在開発が進められている量子コンピュータでも、同様の要求が求められるため、異材・異相界面の果たす役割は大きい。本章では、エレクトロニクス実装の接合界面反応に関与する金属学の基礎について述べる。力学的特性、電気的特性、磁気的特性などの材料の諸性質は、材料のミクロ組織に依存して大きく変化するものがあり、それらの性質は「構造敏感な性質」と呼ばれる。金属材料の降伏応力、引張強さ、延性などがこれにあたり、熱処理や加工によるミクロ組織の変化により材料特性が変化する。一方、ヤング率やポアソン比などの弾性的性質、熱膨張係数、融点、熱伝導率などは「構造鈍感な性質」と呼ばれ、熱処理などによる制御は困難である。熱処理などによる制御が可能な「構造敏感な性質」の変化を理解するには、結晶構造や平衡状態図の理解が必要となる。

■3.1　原子の結合と結晶構造

3.1.1　原子の結合

　工業材料を構成する物質は原子からなり、原子の中では原子核の周りを電子が周回運動している。さらに、原子核は陽子と中性子からなり、陽子の数が原子番号、陽子と中性子の和が原子量となる。陽子と電子はそれぞれ同じ電気量の正および負の電荷をもつ。原子核中の陽子とその周囲を周回運動する電子の

表3.1 量子数とエネルギー準位

量　子　数				状態数	エネルギー準位	
主量子数 n	方位量子数 l	磁気量子数 m	スピン量子数 s		軌道	殻
1	0	0	$-1/2\ +1/2$	2	1s	K
2	0	0	$-1/2\ +1/2$	2 ⎫ 　⎬8	2s	L
	1	$-1\ 0\ +1$	$-1/2\ +1/2$	6 ⎭	2p	
3	0	0	$-1/2\ +1/2$	2 ⎫	3s	M
	1	$-1\ 0\ +1$	$-1/2\ +1/2$	6 ⎬18	3p	
	2	$-2\ -1\ 0\ +1\ +2$	$-1/2\ +1/2$	10 ⎭	3d	
4	0	0	$-1/2\ +1/2$	2 ⎫	4s	N
	1	$-1\ 0\ +1$	$-1/2\ +1/2$	6 ⎪	4p	
	2	$-2\ -1\ 0\ +1\ +2$	$-1/2\ +1/2$	10 ⎬32	4d	
	3	$-3\ -2\ -1\ 0\ +1\ +2\ +3$	$-1/2\ +1/2$	14 ⎭	4f	

数は等しく、原子は電気的に中性となる。

　電子が周回する軌道は、原子核に近い方からK殻、L殻、M殻、N殻…と名づけられており、これは主量子数 n に対応し、$n=1$、2、3、4…に対して、それぞれK、L、M、N…と表される。主量子数とは、電子の軌道を円形と仮定した場合に、軌道電子のエネルギー状態を大まかに規定する値である。

　表3.1 に示すように、軌道電子のエネルギー準位は、主量子数 n、方位量子数 l、磁気量子数 m およびスピン量子数 s の4つの量子数によって規定される。方位量子数 l は、電子の軌道を楕円と仮定した場合の軌道の形を決める値であり、$0\sim n-1$ の整数をとる。$l=0$、1、2、3に対し、それぞれs、p、d、fという記号で表され、主量子数 n の値と組み合わせて、1s、2s、2p、…7s軌道などと呼ばれる。磁気量子数 m は軌道の傾きを決定する値で、$-l\sim +l$ の整数をとる。スピン量子数は電子の自転状態を示し、$+1/2$ または $-1/2$ の値をとる。パウリの禁則より、1つの軌道には $+1/2$ と $-1/2$ のスピン量子数を持つ電子が1個ずつしか入らない。

　表3.1 のように、K殻（$n=1$）では、$l=0$、$m=0$ で、$s=+1/2$ および $-1/2$ の2つの状態の電子が許される。L殻（$n=2$）では、$l=0$、$m=0$ と $l=1$、$m=$

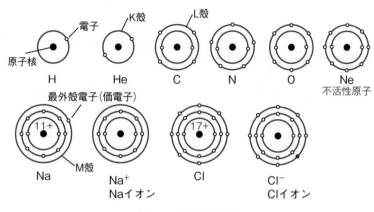

図3.3　電子の配分例

−1、0、1の計4つの軌道があり、各軌道でs＝＋1/2、−1/2の2つの状態が許されるため、電子数は最大8となる。同様に、M殻では9個の軌道に最大18個の電子が、N殻では16個の軌道に最大32個の電子が許される。

　図3.3に電子の配分例を、**表3.2**にいくつかの元素の電子配列を示す。殻が許される最大電子数で満たされた状態を閉殻といい、HeやNeのように最外殻が閉殻である原子は安定で化学的に不活性となるため、不活性原子と呼ばれる。元素の周期表における第18族元素（He、Ne、Arなど）は最外殻が閉殻であるため、化合物をつくりにくい。最外殻電子は価電子と呼ばれ、価電子の数により各元素の性質は周期的に変化し、周期表における同族元素は類似の性質を示す。

　工業材料は原子または分子を基本粒子として構成され、粒子間の結合状態により、固体、液体および気体の3つの状態をとる。固体状態は、粒子間の結合力が強いため、一定形状と体積を持つ。各原子および分子はその平均位置をほとんど変化することなく、熱運動により平均位置の周りを振動あるいは揺動しており、固体における原子の結合様式には、次の4つの種類がある。

①　イオン結合

　陽イオンと陰イオン間の電気的引力による結合をイオン結合という。価電子の数が閉殻あるいは8個よりも多い場合には原子は価電子を放出して陽イオン

表 3.2　元素の電子配列

殻	K	L		M			N				O			
軌道 *l*	0	0	1	0	1	2	0	1	2	3	0	1	2	3
元素	1s	2s	2p	3s	3p	3d	4s	4p	4d	4f	5s	5p	5d	5f
1 H	1													
2 He	2													
3 Li	2	1												
4 Be	2	2												
5 B	2	2	1											
6 C	2	2	2											
7 N	2	2	3											
8 O	2	2	4											
9 F	2	2	5											
10 Ne	2	2	6											
11 Na	2	2	6	1										
12 Mg	2	2	6	2										
13 Al	2	2	6	2	1									
14 Si	2	2	6	2	2									
15 P	2	2	6	2	3									
16 S	2	2	6	2	4									
17 Cl	2	2	6	2	5									
18 Ar	2	2	6	2	6									
19 K	2	2	6	2	6		1							
20 Ca	2	2	6	2	6		2							
21 Sc	2	2	6	2	6	1	2							
22 Ti	2	2	6	2	6	2	2							
23 V	2	2	6	2	6	3	2							
24 Cr	2	2	6	2	6	5	1							
25 Mn	2	2	6	2	6	5	2							
26 Fe	2	2	6	2	6	6	2							
27 Co	2	2	6	2	6	7	2							
28 Ni	2	2	6	2	6	8	2							
29 Cu	2	2	6	2	6	10	1							
30 Zn	2	2	6	2	6	10	2							
40 Zr	2	2	6	2	6	10	2	6	2		2			
50 Sn	2	2	6	2	6	10	2	6	10		2	2		

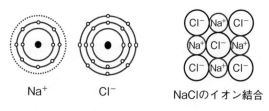

Na⁺　　　　Cl⁻　　　　NaClのイオン結合

図 3.4　Na と Cl のイオン結合

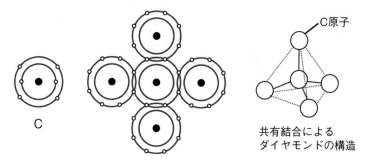

C原子

共有結合による
ダイヤモンドの構造

図 3.5　C 原子の共有結合によるダイヤモンドの構造

になり、閉殻あるいは 8 個に満たない場合には電子を取り入れて陰イオンになる。それらの陽イオンと陰イオンは電気的引力により結びつく。例として、Na原子と Cl 原子のイオン化とイオン結合（NaCl、食塩）の模式図を**図 3.4** に示す。

　②　共有結合

　隣り合う原子が価電子を共有することにより、双方の原子が安定状態となる結合様式を共有結合という。**図 3.5** に示す C 原子の共有結合によるダイヤモンドの構造では、価電子 4 個を有する C 原子がほかの 4 個の C 原子と共有結合し、4 個の C 原子は 4 面体の頂点に位置する構造をとる。共有結合では結合力に方向性があるため、外力に対して自由に変形できず、一般的に結合力は強固で、その結晶は非常に硬い。

　③　金属結合

　自由電子により形成される電子雲を原子全体で共有することによる結合様式を金属結合という。金属においては、原子は価電子を 1～3 個有し、それらの価電子は 1 つの原子の周囲に限定されず電子雲を形成する。この電子雲を構成す

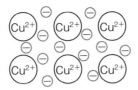

図 3.6　金属結合の模式図

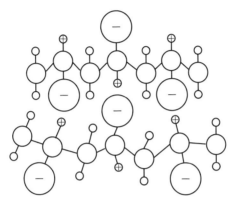

図 3.7　ファンデルワールス結合

る電子は、電子雲内を自由に運動することができるため、自由電子と呼ばれる。**図 3.6** に Cu を例とした金属結合の模式図を示す。金属結合では電子が自由に移動でき、結合に方向性がないため、原子は相互の位置を比較的自由に選ぶことが可能となる。そのため、一般的に金属の変形能は大きくなる。

④　ファンデルワールス結合

　ファンデルワールス力（分極した電荷による分子間の引力）による結合方式をファンデルワールス結合という。全体として電気的に中性な分子であっても、異種原子より構成される多原子分子では、分子中に電子密度の差が生まれ、分子内部で正電荷と負電荷に分かれることがある。これを分極と呼び、分子間力であるファンデルワールス力が働く。**図 3.7** にファンデルワールス結合の例を示す。ファンデルワールス力は非常に弱く、この結合方式による結晶は強度が低く、融点も低いものが多い。

　分子間力として分類される水素結合は、高分子材料などにおいて重要な結合

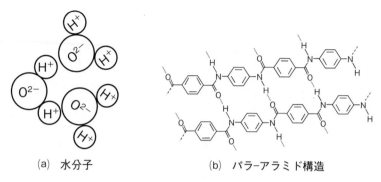

（a）　水分子　　　　　　　　　　（b）　パラ-アラミド構造

図 3.8　水素結合の例

様式である。水素が電気陰性度の値が水素より大きい酸素や窒素などと結合すると、水素は正の電荷を帯び、酸素や窒素は負の電荷を帯びる。すると、正の電荷を帯びた水素原子と、ほかの分子の負の電荷を帯びた原子との間に静電的引力が作用する。この静電気力による結合様式を水素結合という。**図 3.8** に水素結合の例を示す。水分子間に見られる水素結合は最も単純な例であり、図のように多くの高分子材料は主鎖の水素結合によって強化されている。

　これら結合方式による結合力の序列はだいたい次のように考えられている。

　　　共有結合＞イオン結合＞金属結合＞分子間力結合

　　　水素結合＞ファンデルワールス結合

　典型的な水素結合は、ファンデルワールス力による結合より10倍程度強いが、共有結合やイオン結合と比べるとはるかに弱い。

3.1.2　結合エネルギーと原子間距離

　図 3.9 に示すように、2つの原子には、近づきすぎれば反発力（斥力）が働き、ある程度離れれば引力が働く。その中間位置の原子同士が安定する位置を原子間距離といい、同種原子の場合には原子間距離の1/2が原子半径 r となる。結合している2つの原子を引き離すのに必要なエネルギーが結合エネルギーであり、図3.9において、エネルギー値が最低となる距離 $2r$ の時の値が結合エネルギーに相当する。図において、原子間の距離が十分大きくなると引力エネルギーはほとんどゼロに近づくことがわかるが、その状態は、分離あるいは破壊し

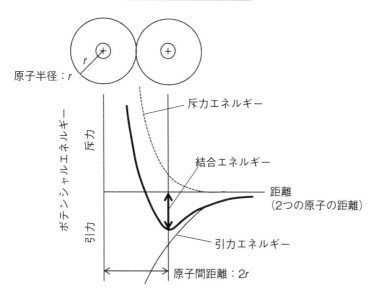

図 3.9　原子間のエネルギーと原子間距離

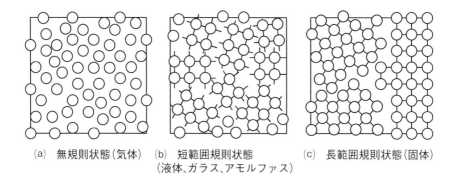

(a)　無規則状態（気体）　　(b)　短範囲規則状態　　(c)　長範囲規則状態（固体）
　　　　　　　　　　　　　　　（液体、ガラス、アモルファス）

図 3.10　原子の並び方

た状態に相当する。

3.1.3　結晶構造

　原子の並び方は物質の構造を決める重要な因子であり、材料の特性を決定する基本的要因となる。**図 3.10** に原子の並び方を示すが、

(a)　全く規則性のない無規則状態（気体）

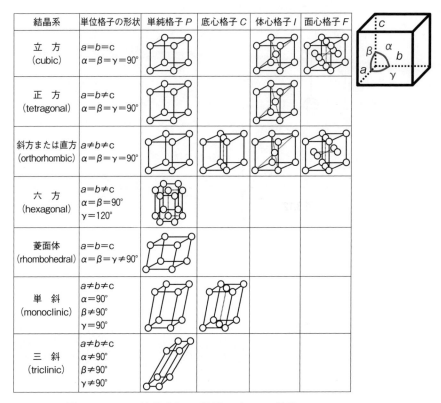

結晶系	単位格子の形状	単純格子 P	底心格子 C	体心格子 I	面心格子 F
立　方 (cubic)	$a=b=c$ $\alpha=\beta=\gamma=90°$				
正　方 (tetragonal)	$a=b\neq c$ $\alpha=\beta=\gamma=90°$				
斜方または直方 (orthorhombic)	$a\neq b\neq c$ $\alpha=\beta=\gamma=90°$				
六　方 (hexagonal)	$a=b\neq c$ $\alpha=\beta=90°$ $\gamma=120°$				
菱面体 (rhombohedral)	$a=b=c$ $\alpha=\beta=\gamma\neq90°$				
単　斜 (monoclinic)	$a\neq b\neq c$ $\alpha=90°$ $\beta\neq90°$ $\gamma=90°$				
三　斜 (triclinic)	$a\neq b\neq c$ $\alpha\neq90°$ $\beta\neq90°$ $\gamma\neq90°$				

図 3.11　7 つの結晶系と 14 種類のブラベー格子

(b)　ある程度規則性のある短範囲規則状態（液体、ガラス、アモルファス）

(c)　方向性と規則性のある長範囲規則状態（固体）

の 3 つに大別できる。金属の場合には、溶融状態から凝固する過程で、短範囲規則状態から長範囲規則状態になり、(c)のように原子が規則正しく配列した状態が結晶である。金属の結晶における原子の並び方は、**図 3.11** のように、7 つの結晶系の 14 種類の格子で表すことができ、これらをブラベー格子と呼ぶ。金属においては、**図 3.12** に示す体心立方格子（body centered cubic：BCC）、面心立方格子（face centered cubic：FCC）および六方最密格子（Hexagonal close packed：HCP）が主な結晶構造となる。

　BCC は、立方体の 8 つの隅と中心に原子を配した構造を有し、室温における

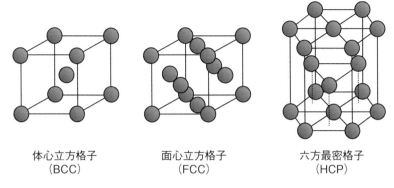

体心立方格子　　　　　面心立方格子　　　　　六方最密格子
（BCC）　　　　　　　　（FCC）　　　　　　　　（HCP）

図 3.12　金属における主要な結晶構造

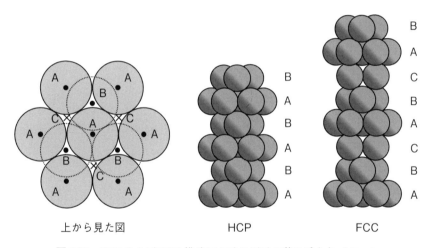

上から見た図　　　　　　　HCP　　　　　　　　　　FCC

図 3.13　FCC および HCP 構造における原子の積み重なりパターン

Fe および V、Cr、Nb、Mo、Ta、W などがこの結晶構造をとる。FCC は、立方体の 8 つの隅と 6 つの面の中心に原子を配した構造を有し、Al、Cu、Ni、Au、Ag など多くの金属がこの結晶構造をとる。HCP は、正六角柱を 6 つの正三角柱に分け、各正三角柱の 6 つの隅と一つおきの正三角柱の中心に原子を配した構造を有し、Mg、Ti、Zn、Cd などの金属がこの結晶構造をとる。FCC と HCP はともに最密充填構造であるが、最密面の積み重なるパターンが異なり、**図3.13** に示すように、取りうる 3 つの最密面について、2 つの最密面が ABAB…

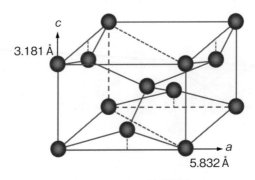

図 3.14 β–Sn の結晶構造

のように積み重なったものが HCP であり、3 つの最密面が ABCABC…のパターンで積み重なったものが FCC である。BCC は最密充填構造ではない。**図 3.14** に室温における Sn（β–Sn）の結晶構造を示すが、Sn は体心正方格子をとるため、立方晶系の格子と比べ対称性が劣り、機械的特性に及ぼす結晶方位の影響が強くなる。

図 3.11 に示したように、結晶の形は原子間の距離 a、b、c と結晶軸の軸間の角度 α、β、γ とで決まり、これらの原子間の距離を格子定数という。立方晶系である BCC および FCC では、格子定数は立方体の一辺の長さ a で与えられる。HCP の場合、底面の正六角形の一辺の長さ a と六角柱の高さ c の 2 つの格子定数が与えられ、HCP の理想的軸比は、$c/a = \sqrt{8/3} \cong 1.63$ である。図 3.14 に示した β–Sn のような正方晶系の場合にも、格子定数は a（底面の正方形の一辺の長さ）と c（高さ）の 2 つが与えられる。

結晶内で最も近い距離にある同種原子のことを最近接原子といい、それと等しい位置関係にある原子の数を配位数という。BCC、FCC および HCP における配位数は、それぞれ 8、12、12 であり、配位数は 12 が最大となる。

図 3.12 に示したように、BCC および FCC における立方体の 8 つの隅に配される原子は、隣接する単位胞によって共有されるため、各原子は単位胞中には 1/8 ずつしか入っていない。したがって、BCC では、立方体の中心に配される原子 1 個を含め、単位胞中の原子数 n は、

$$n = 1/8 \times 8 + 1 = 2$$

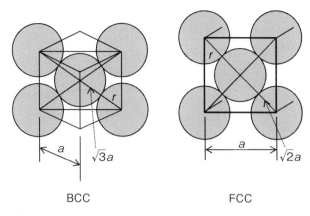

FCC

図3.15 BCC と FCC における格子定数と原子半径の関係

となる。FCC では、6つの面の中心に配される原子(単位胞中には1/2入る)を考慮して、

$$n = 1/8 \times 8 + 1/2 \times 6 = 4$$

となる。同様に、図3.12の HCP では、

$$n = 1/6 \times 12 + 1/2 \times 2 + 3 = 6$$

となる。

図3.15にBCCとFCCにおける格子定数と原子半径の関係を示すが、BCCおよびFCCにおいて、格子定数aと原子半径rの間には、次の関係が成立する。

$$\text{BCC} : \sqrt{3}\,a = 4r、\ a = 4r/\sqrt{3}$$

$$\text{FCC} : \sqrt{2}\,a = 4r、\ a = 4r/\sqrt{2}$$

原子を剛体球と見なした時に単位胞内において原子が占める体積を充填率というが、上述のように、BCCにおいては、一辺の長さaの立方体中に半径rの球が2個入るので、充填率は0.68(68%)となる。同様にして、FCCとHCPにおける充填率は0.74(74%)となる。

3.1.4 ミラー指数

結晶の変形や破壊、腐食、結合などは結晶の特定の面および方向で生じる。結晶の特定の面と方向を表すのに、ミラー指数が用いられる。

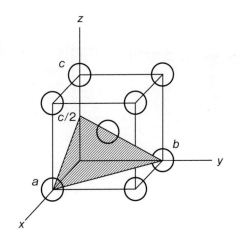

図3.16　結晶面のミラー指数

　図3.16のように、直交座標軸 x、y、z 上に格子定数 a、b、c で原子が配列する場合の、面のミラー指数を考える。

(1)　結晶面が x、y、z 軸を切る位置を a、b、c を単位として表す$\left(\text{図では、切}\right.$

　　片が a、b、$\dfrac{c}{2}$ であるから 1、1、$\left.\dfrac{1}{2}\right)$。

(2)　その逆数をとる（図では、1、1、2）。

(3)　逆数が分数となる場合は、適当な整数を乗じて最も簡単な整数比で表す。
　　逆数が整数の場合、公約数があっても、それで除して簡単な比に直してはならない（図では、1、1、2）。

(4)　これを（　）で囲み、$(h\,k\,l)$ と表す（図では、$(1\,1\,2)$）。

　結晶面が原点を通る場合には、原点を通らないように平行移動して考える。軸と平行な結晶面は軸と交わらず、対応するミラー指数は 0 とする。結晶面の切片が負の場合は、ミラー指数の整数の上に−をつけて、$\bar{1}$ のように表す。

　あるミラー指数を持つ結晶面とその符号がすべて逆の指数を持つ結晶面は等価であるという。また、立方晶系では、座標軸を回転することによって得られる結晶面も等価となる。等価な面は｛　｝を用いて $\{h\,k\,l\}$ と表す（**図3.17**参照）。ただし、各数値を整数倍した指数の結晶面は等価ではない。例えば、**図3.18**に

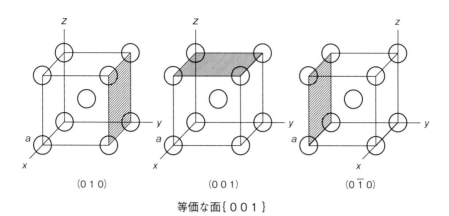

(0 1 0) (0 0 1) (0 $\overline{1}$ 0)

等価な面{0 0 1}

図 3.17 等価な面

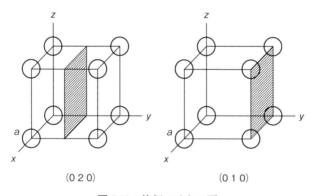

(0 2 0) (0 1 0)

図 3.18 等価ではない面

示すように、結晶構造が単純立方格子の場合、(010)面には原子が配列するが、(020)面には原子は配列しない。**図 3.19** に FCC における主要な結晶面のミラー指数を示す。

結晶内の方向（結晶方位）のミラー指数は、結晶方位の座標点を前述の格子定数 a、b、c を基準として、最も簡単な整数比で表す。これを $[u\,v\,w]$ として表す（**図 3.20** 参照）。方位については、各数値を整数倍した指数の方位は等価である。立方晶系では、座標軸の交換によって同方位となる方位は等価であり、$<u\,v\,w>$ と表される。また、立方晶系では、ミラー指数が等しい面 $(h\,k\,l)$ と

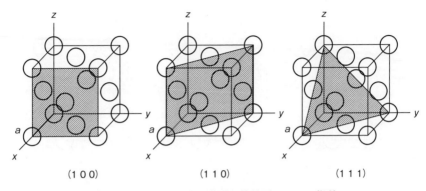

図 3.19　FCC における主要な結晶面のミラー指数

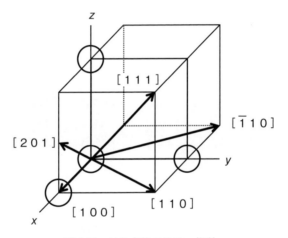

図 3.20　結晶方位のミラー指数

方位[$h\,k\,l$]は直交する。

3.1.5　格子欠陥

　結晶内では、図 3.12 のようにすべての原子が規則的に並んでいるわけではなく、種々の格子欠陥が含まれる。格子欠陥は以下の 3 種類に大別される。

　①　点欠陥

　図 3.21 に各種の点欠陥を示す。格子点から原子が抜けた状態を原子空孔という。格子間に原子が入った状態を格子間原子といい、結晶を構成する原子に比

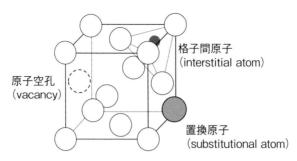

図 3.21 点欠陥

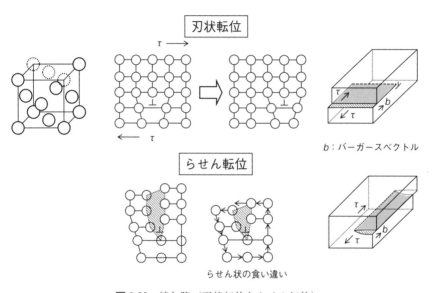

図 3.22 線欠陥（刃状転位とらせん転位）

べ溶質原子の原子半径が小さい場合に生じやすい。結晶を構成する原子がほか
の原子と置き換わった状態を置換原子といい、置換原子が大きい場合には置換
原子の周りの原子間距離は拡げられ、小さい場合には狭められるため、結晶格
子にひずみが生じる。

　② 線欠陥（転位）

　点欠陥が線状に連なる線欠陥を転位といい、**図 3.22** に示すように、刃状転位
とらせん転位がある。金属の塑性変形は、転位が運動することによる結晶面の

すべり変形により起こるため、金属の機械的特性に及ぼす転位の影響は大きい。

　③　面欠陥

　結晶面において原子配置の規則性にずれが生じるところを積層欠陥という。図3.13に示したように、FCCおよびHCPの結晶面の配列は、FCCがABCABC…、HCPがABABAB…となるが、例えば、FCCにおいて、C面を抜き取ってABCABABCと配列することも可能である。このように結晶面が1層抜けたあるいは余分に入れた面が積層欠陥となる。また、結晶と結晶の境界である結晶粒界は、点欠陥と線欠陥からなる集合体とみなすことができ、面欠陥に分類される。

　格子欠陥も含めた結晶構造は材料の性質を決める基本因子となり、
　・FCC金属は高密度で塑性変形しやすく熱と電気の良導体となる
　・γFe(FCC)はαFe(BCC)より空間占有率は高いがCの固溶限が大きい
　・HCPは塑性変形しにくい
など結晶構造に依存することが多い。

　一つの結晶からなる固体金属を単結晶、多数の結晶からなる固体金属を多結晶といい、多結晶体における結晶粒と結晶粒の境界が結晶粒界である。一般的な工業材料には多結晶体が使用される。多結晶体における結晶粒界は材料の変形や破壊を抑制する働きがあり、一般には3.8で後述するように、結晶粒が細かいほど強度が大きくなる。また、析出物の核生成サイトとなって材料の強度に影響を与える。半導体用のSiには優れた電気特性を発揮する結晶方位を利用するために単結晶が使用される。また、単結晶や結晶粒の方位を一方向に揃えた一方向凝固材は、耐クリープ特性に優れることからガスタービンの羽根など超高温材料として使用されている。

■3.2 合金状態図

3.2.1 合金の形態

　一般に、工業材料は純金属ではなく純金属にほかの元素を混ぜた合金として使用されることが多い。金属中に合金元素を添加する場合、その存在の仕方は以下の3つに分類される。合金中の金属の組織において、原子レベルの配列が同じで、組成および物性がほぼ均一となり、隣接する部分と明瞭に区別できる部分を相と呼ぶ。

　① 固溶体

　添加元素（溶質原子）が母相原子（溶媒原子）中に分散して一つの相となったものを固溶体といい、溶質原子は原子レベルで母相と混合するため、光学顕微鏡レベルでは識別することができない。**図 3.23** に固溶体の例を示すが、溶質原子が溶媒原子の格子間に入り込んだ侵入型と溶媒原子の格子点が溶質原子に置き換わった置換型の2つの様式がある。添加元素の原子半径が母相のそれと比べ、小さい場合には侵入型となり、同程度の場合には置換型となる場合が多い。一般に、原子径の差が15％以下であれば広範囲の組成域にて置換型固溶体をつくることができるという、ヒューム・ロザリー（Hume-Rothery）の15％則と呼ばれる経験則が知られている。

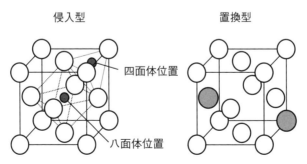

図 3.23 固溶体

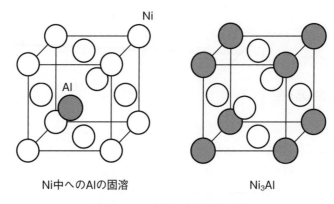

図 3.24　固溶体と金属間化合物

②　化合物（金属間化合物）

図 3.24 に Ni に Al を固溶させた時の状態と、金属間化合物である Ni_3Al の構造を示す。固溶体においては、Ni 格子中の Al の位置は特定の位置に限定はされない。図に示した Ni_3Al のように、2 種類以上の金属元素が規則正しく配列した構造をもつものを金属間化合物（intermetallic compound：IMC）という。電子実装部品のマイクロ接合部に生成する、Ag_3Sn、Cu_6Sn_5、Cu_3Sn などは金属間化合物である。金属間化合物は金属光沢を有するが、その結合方式は金属結合ではなくイオン結合や共有結合であるため、一般的に金属に比べ硬くてもろい。鉛フリーはんだ中に生成する Ag_3Sn や Cu_6Sn_5 などの金属間化合物も硬くてもろいが、微細に分散することにより、はんだ材の高強度化に寄与する。

③　遊離相

合金を作製した時に、合金元素が固溶体や化合物を生成せず単体として分離存在する状態を遊離相という。溶融状態では溶け合うが固相では全く溶け合わない場合、あるいは一部しか溶け合わない場合に、余分な元素が単体として遊離して遊離相を形成する。鋳鉄中の黒鉛や銅鉛軸受け合金中の鉛などが遊離相の例であり、それらの相は光学顕微鏡レベルで識別することができる。

3.2.2　二元系合金の平衡状態図

平衡状態（熱平衡状態）における合金の温度と濃度と相の関係を示したもの

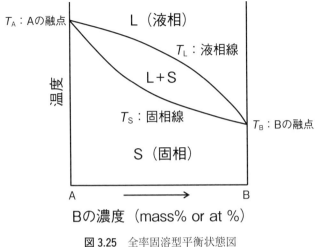

図3.25　全率固溶型平衡状態図

を平衡状態図という。**図3.25**に、全率固溶型平衡状態図と呼ばれる液体でも固体でもあらゆる濃度で互いに溶け合う合金系の状態図を示す。Ag–Au系、Cu–Ni系、Bi–Sb系などはこの状態図となる。曲線T_Lは液相線と呼ばれ、それ以上の温度では液相となる。また、曲線T_Sは固相線と呼ばれ、それ以下の温度では固相となる。両曲線に挟まれる間の領域では、平衡状態で液相と固相が共存する。

　図3.26に全率固溶型状態図と冷却曲線の関係を示す。純金属Aを溶融状態から冷却すると、図3.26(1)①のような温度–時間曲線が得られる。この時、T_AはAの凝固温度（融点）である。同様に、純金属Bでは、図の(1)⑤のような温度–時間曲線が得られる。一方、A–B固溶体では、冷却曲線は図の(1)②〜④のように、凝固は一定温度ではなく、凝固開始温度（液相線温度）と凝固終了温度（固相線温度）の温度範囲で進行する。このように、状態図上の境界線は相変態の開始点と終了点を表す。

　2つの相が共存する時、その量比はてこの法則（てこの原理）により求められる。**図3.27**の全率固溶型の状態図において、点Cでは、点Eの液相（B元素濃度e%）と点Dの固相（B元素濃度d%）が平衡し、共存状態になる。その時、その量比は、

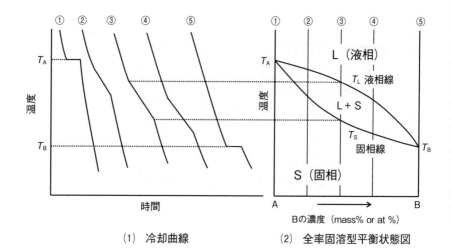

(1) 冷却曲線　　　　　　　　(2) 全率固溶型平衡状態図

図 3.26　冷却直線と全率固溶型平衡状態図

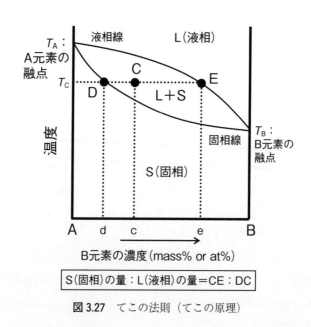

$$S（固相）の量：L（液相）の量＝CE：DC$$

図 3.27　てこの法則（てこの原理）

3.2 合金状態図

固相の量：液相の量＝CE：DC＝(e−c)：(c−d)

となる。

この法則の証明を以下に示す。図 3.27 において、点 C は c の濃度を持つ合金が T_c の温度で平衡状態にあるため、点 C の組成 c（B 元素濃度）は点 D の組成の固相の量 D′ と点 E の組成の液相の量 E′ との平均組成となり、

$$c = (D' \times d + E' \times e)/(D' + E')$$

が成り立つ。上式の両辺に (D′+E′) を乗じ、両辺を D′ で除すと、

$$E'/D' = (c-d)/(e-c) = DC/CE$$

よって、D′(固相の量)：E′(液相の量)＝CE：DC となる。

状態図を用いることにより、合金について、ある組成ある温度における次のことが予想できる。

・生成相の種類とそれらの組成

・生成相の量比

・反応

・ミクロ組織

例えば、はんだ合金を加熱溶解あるいは冷却凝固させる時の途中のミクロ組織変化を予想することができる。状態図は熱平衡状態での安定相を示しており、熱平衡に達する時間までは知ることができない。しかし、一般的な工業製品の生産工程では、状態図に従う相変化を考えればよいことが多いため、実用上よく利用される。近年は、熱力学データベースの充実により、計算状態図も活用されている。**図 3.28** には、二元系平衡状態図の基本的なものを示す。共晶型（共晶系）は、共晶反応を含む状態図で、Sn–Pb 系、Al–Si 系などがこの状態図である。包晶型（包晶系）は、包晶反応を含む状態図で、Co–Cu 系、Sb–Sn 系などがこの状態図である。ほかに、共析反応、包析反応、偏晶反応、包液反応、再融反応を含む状態図がある。また、図 3.28(c)および(d)に示したような中間相を含むものもあり、エレクトロニクス実装で使用される Sn–Ag 系や Cu–Sn 系などはこのタイプである。図 3.28(a)に示した溶解度曲線は α 相において A 中に固溶できる B の限界濃度を示す。

次に、状態図を利用した組織の読み方を述べる。**図 3.29** に、共晶成分（B の

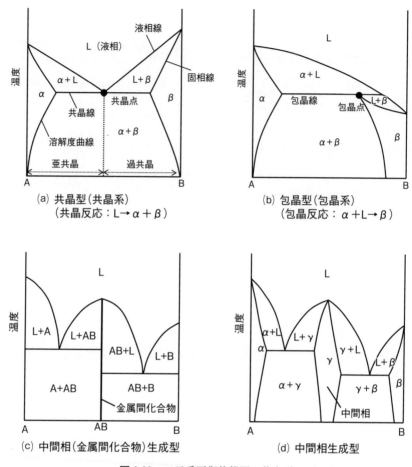

図 3.28　二元系平衡状態図の基本形

濃度 c ％）を有する合金の凝固過程における組織変化を示す。液相である C の
状態から共晶温度直下の D に冷却すると、A 中に b ％の B を固溶した固溶体
である α 相と A 中に d ％の B を固溶した固溶体である β 相が晶出する（共晶
反応：L → α + β）。この α 相と β 相が共存する組織は共晶組織と呼ばれ、図の
ように α 相と β 相が交互に層状に晶出した組織は、特にラメラ組織と呼ばれる。
D から E への冷却では、組織に大きな変化は見られないが、生成する α 相と β
相の濃度は、それぞれの溶解度曲線に対応した濃度に変化し、E では A 中に a

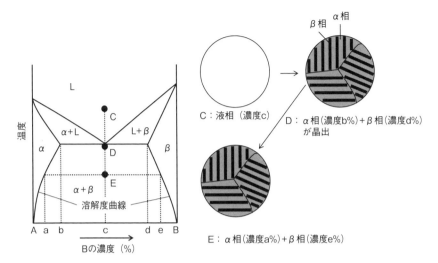

図 3.29 共晶成分における凝固時の組織変化

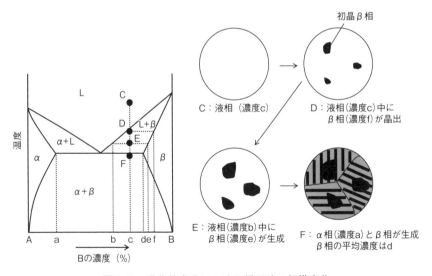

図 3.30 過共晶成分における凝固時の組織変化

％の B を固溶した α 相と A 中に e ％の B を固溶した β 相が生成する。

図 3.30 に、過共晶成分（共晶成分より合金元素濃度が多い成分）における凝固時の組織変化を示す。液相である C の状態から液相線温度直下の D に冷却す

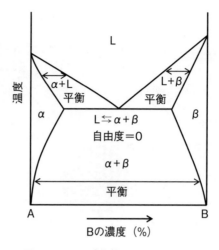

図 3.31　二元系状態図における通則

ると、A 中に c ％の B を溶解した液相中に A 中に f ％の B を固溶した初晶の
β 相が晶出する。さらに冷却した E では、液相中で β 相が成長し、A 中に b ％
の B を溶解した液相中に A 中に e ％の B を固溶した β 相が生成する。共晶線
直下の F では、共晶線直上で液相状態にあった領域が共晶反応により α + β 組
織に変化する。このとき生成する α 相は A 中に a ％の B を固溶した固溶体で
あるが、β 相は初晶領域も含めた B の平均濃度が d ％の固溶体となる。亜共晶
合金（共晶成分より合金元素濃度が少ない合金）を冷却する場合も同様に考え
ればよい。

　二成分系状態図における通則を**図 3.31** に示す共晶型状態図を例として示す。

①状態図中の一対の曲線が 2 つの相の組成を示す。

②状態図中の水平な線は、自由度 0 の反応を示す（共晶、包晶反応など）。こ
　の反応では、一定温度で一定組成の相が反応し、反応にあずかる相は水平
　線の両端の相である。

③直線および曲線で分けられる 1 つの領域には、1 つあるいは 2 つの相が存
　在し、3 つの相が存在することはない。三相が共存する場合は、自由度が
　0 であり水平な直線となる（共晶線、包晶線など）。

④1 つの水平線は、3 つの領域の境界線になり、3 つの領域のおのおのには、

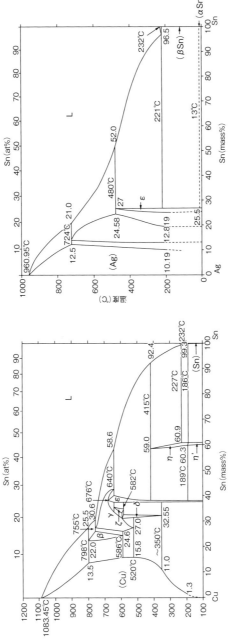

図 3.32 Cu-Sn 系および Ag-Sn 系状態図

２つの相が共存するが、相の種類は３つである。

　参考として、**図 3.32** にエレクトロニクス実装に関連の深い Cu–Sn 系および Ag–Sn 系の状態図を示す。典型的な共晶型平衡状態図としては後述の Sn–Pb 系状態図（図 4.1）を参照のこと。

■3.3　溶融はんだの固体表面へのぬれ

　前節では、エレクトロニクス実装部の金属材料のミクロ組織や接合部の界面反応を評価するための合金状態図について説明した。**図 3.33** にエレクトロニクス実装におけるソルダリング工程における昇温過程におけるはんだと母材の関係を示す。ソルダリング工程において温度が上昇すると、まずフラックスが溶融して活性化し、はんだおよび母材の酸化皮膜と反応して酸化皮膜は除去される。続いてはんだが溶融し、酸化皮膜が除去され新生面が露出した母材にぬれる。すると、母材金属がはんだへ溶解し、はんだと母材の構成元素の相互拡散により接合部が形成される。

　このように、ソルダリングははんだと母材間の界面現象（ぬれ、溶解、拡散）により達成されるため、ソルダリングにとってまず大切なことは、界面反応の最初の過程であるぬれの確保である。

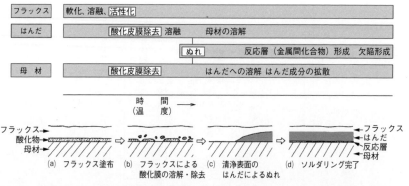

（出典：標準マイクロソルダリング技術　第 3 版、(2011)、日刊工業新聞社）
図 3.33　ソルダリングの昇温過程におけるはんだと母材の関係

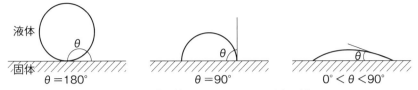

θ＞90°：ぬれがわるい、θ＜90°：ぬれがよい

（出典：標準マイクロソルダリング技術　第3版、(2011)、日刊工業新聞社）

図 3.34　接触角

　ぬれ現象の駆動力は表面張力（厳密には表面エネルギー）である。液体ある
いは固体の内部の原子は周囲をほかの原子で囲まれているので結合が飽和状態
であるが、表面の原子は内部の原子よりも隣接する原子の数が少ないため、そ
の分だけ結合エネルギーが余っている。この余剰エネルギーが表面エネルギー
である。このような余剰エネルギーは組成や状態が異なる物質間の界面にも存
在し、その場合には界面エネルギーと呼ばれる。表面エネルギーは常にほかの
原子を引きつける力として作用し、表面の原子同士には互いに引き合う力が働
く。この力が表面張力である。そのため、液体の表面は表面張力によって常に
収縮しようとし全体の表面エネルギーが最小になるような形状（表面積が最も
小さい形状）である球面になろうとする。一方、固体の表面エネルギーもほか
の原子を引きつける作用を有するが、固体自身は自分で形を変えることができ
ないため、近づいてきた原子をとらえて全体としての表面エネルギーを最小に
しようとする。固体/液体間の界面においても、界面エネルギーが最小になる
方向に動こうとする。液体と固体の表面、およびそれらの界面の間で働くこれ
らの作用がぬれの駆動力となる。

　図 3.34 のように、固体上に液滴が静止している時、液滴外縁部と固体表面と
のなす角度 θ を接触角（ぬれ角）と呼び、ぬれの程度を表す。図 3.34 に示すよ
うに、θ が小さいほどぬれがよく、完全にぬれる時は θ＝0°、逆に全くぬれな
い時は θ＝180° となる。

　図 3.35 のように固体上の液滴が静止しているとき、次のヤング（Young）の
式が成立する。

$$\gamma_s = \gamma_l \cos \theta + \gamma_{ls} \tag{3-1}$$

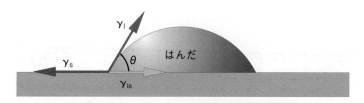

$$\gamma_s = \gamma_l \cos\theta + \gamma_{ls}$$

γ_l：液体（はんだ）の表面エネルギー
γ_s：固体の表面エネルギー
γ_{ls}：界面エネルギー

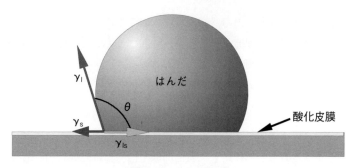

図 3.35　ヤングの式

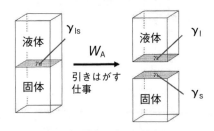

図 3.36　付着仕事（接着仕事）と界面自由エネルギー

γ_s：固体の表面エネルギー、γ_l：液体の表面エネルギー、
γ_{ls}：界面エネルギー

　固体表面に酸化皮膜が存在すると、図3.35に示すように、固体の表面エネルギー（γ_s）が小さくなって接触角 θ が大きくなるため、ぬれ性が悪くなる。ソルダリングにおいてフラックスを用いる時は、固体の表面エネルギーγ_sおよび液体の表面エネルギーγ_lを、それぞれ固体/フラックス間の界面エネルギーγ_{sF}、

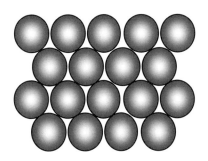

図 3.37 FCC 構造の(111)面における原子配列

液体/フラックス間の界面エネルギーγ_{lF}に置き換える必要がある。

　固体の表面エネルギーや固体–液体間の界面エネルギーは測定が困難であるため、接着界面などでは固体–液体間の界面相互作用エネルギーW_Aを求めることもある。**図 3.36** において、γ_{ls} の界面エネルギーを有する固体–液体接着体をW_A の仕事により引きはがし、γ_l の表面エネルギーを持つ液体とγ_s の表面エネルギーを持つ固体に分離する場合、次のデュプレ（Dupre）の式が成り立つ。

$$W_A = \gamma_s + \gamma_l - \gamma_{ls} \tag{3-2}$$

　式(3-1)および式(3-2)より、次のヤング–デュプレ（Young–Dupre）の式が成り立つ。

$$W_A = \gamma_l(1 + \cos\theta) \tag{3-3}$$

　式(3-3)より、γ_l と θ を測定すれば、固体–液体間の界面相互作用エネルギーW_A を求めることができる。

　固体の表面エネルギーγ_s の評価は難しいが、例えば、FCC 構造を持つ金属の(111)面（**図 3.37** 参照）におけるγ_s は、1 モル当たりの昇華熱をL、アボガドロ数をN_A として、(111)面を切断することを考え次のように求めることができる。

　単位面積当たりの表面エネルギーは、

[原子の結合エネルギー]×[1 原子当たりの切断結合数]×[単位面積当たりの原子数]/2

$$\tag{3-4}$$

で表される。ここで 2 で除しているのは、(111)面で切断すると面が 2 つできるためである。

　[原子の結合エネルギー] は、「1 モル当たりの昇華熱」を「1 モル当たりの結合の数の総数（最近接原子のみ考慮）」で除したものとなるため、

$$L/\{12 \times (1/2) \times N\} = L/6N \qquad (3\text{-}5)$$

　[1 原子当たりの切断結合数] は、配位数から図 3.37 に示した同一面内最近接原子数を減じて、上下面に最近接原子があることから 2 で除すことにより、

$$\{12(配位数) - 6(面内最近接原子数)\}/2 = 3 \qquad (3\text{-}6)$$

　[単位面積当たりの原子数] は、(111) 面においては格子定数を a とすると、

$$4/(\sqrt{3}\,a^2) \qquad (3\text{-}7)$$

　よって、式 (3-4) に式 (3-5)～(3-7) を導入して、(111) 面における γ_s は、

$$L/(\sqrt{3}\,a^2\,N) \qquad (3\text{-}8)$$

となる。

　液体表面においては、表面エネルギー γ_l は表面張力と等しいとみなされる。**図 3.38** のように表面積 A の液体の表面積を dx 広げる場合の仕事を dW とすると、dW = F dx となる。ここで、表面の単位長さ当たりに働く力（表面張力）を σ とすると、dW = F dx = σL dx = σ dA が成り立つ。自由エネルギー変化 dG は、仕事 dW に等しいので、dG = dW = σ dA となる。液体表面では σ は表

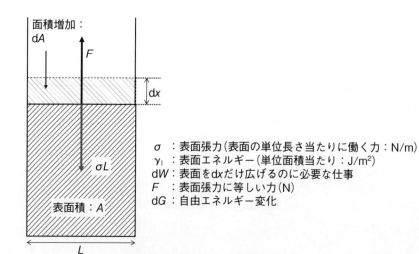

σ　：表面張力（表面の単位長さ当たりに働く力：N/m）
γ_l　：表面エネルギー（単位面積当たり：J/m²）
dW：表面を dx だけ広げるのに必要な仕事
F　：表面張力に等しい力（N）
dG：自由エネルギー変化

図 3.38　表面張力と表面エネルギー

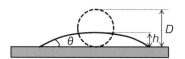

図 3.39 はんだの広がり試験

面により変化しないので、$\sigma = dG/dA \equiv \gamma_1$ となるため、表面張力 σ と表面エネルギー γ_1 が等しいとみなせる。固体の表面では上述したように、結晶面により σ は異なるため、表面エネルギーと等しくはならない。

上述のようにヤングの式における各エネルギー成分を評価するのは容易ではないが、溶融はんだのぬれに関しては、**図 3.39** に示す広がり試験によりぬれ性が評価される。評価する基板上に直径 D の球状はんだを置き、はんだを溶融させて基板上にぬれさせる。ぬれ終了後のはんだ高さ h を測定することにより、広がり率 S は次の式で表される。

$$S = \{(D-h)/D\} \times 100 \tag{3-9}$$

$$S/100 = 1 - 1/\sqrt[3]{1 + 3\left(\frac{\cot\theta}{2}\right)^2} \tag{3-10}$$

溶融はんだの表面張力は、次の4つの因子により影響を受ける。

① はんだの組成

表面張力が小さい元素の量が増加すると、表面張力は低下する。

② 添加元素

Sn-40Pb（mass %）はんだに、Bi や Sb が添加されると表面張力は低下し、Cu、Ag および P が添加されると表面張力は増大する[32]。Sn を主成分とする鉛フリーはんだにおいても、同様の傾向が予想される。

③ 温度

一般に温度が上昇すると表面張力は低下する。

④ 雰囲気およびフラックス

窒素などの保護性雰囲気や還元性雰囲気では表面張力は低下する。また、フラックスの活性度が大きい場合にはフラックス/はんだ間の界面張力が低下する。

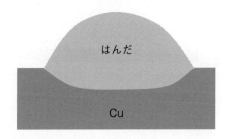

図 3.40　はんだ中への Cu の溶解（Cu 食われ）

■3.4　溶融はんだ中への母材金属の溶解

　固体金属をその融点以上に加熱しなくても、溶融液体に浸すだけで固体金属が液体金属に溶け出すことがある。この現象を溶解という。図 3.32 に示した Cu-Sn 系状態図より、Cu の融点は 1084.87 ℃であるため Cu 自身は融点以上の温度で溶融するが、300 ℃の Sn 中には Cu はおよそ 2.5 mass ％溶解することができる。そのため、Cu 電極と Sn を主体とするはんだの場合、**図 3.40** のような Cu 電極が溶融はんだに溶解する Cu 食われと呼ばれる現象が生じる。Ag 電極およびはんだめっき電極における Ag 食われやはんだ食われも、電極材の溶融はんだへの溶解によるものである。マイクロソルダリングのような微細サイズの接合部においては、電極材の過度の溶解は電極材の消失や信頼性上の問題につながるため注意する必要がある。

　一般に、液体金属への固体金属の溶解速度は、次のネルンスト－ブルナー（Nernst–Brunner）の式で表される。

$$dC/dt = K(A/V)(C_s - C) \tag{3-11}$$

C：溶解時間 t 秒後の液体中の溶質濃度、K：溶解速度定数、

A：液体と固体の反応界面の面積、V：液体の体積、

C_s：液体中の溶質の飽和濃度

　式（3-11）より、溶解速度は、液体の体積に反比例し、反応界面の面積に比例することがわかる。液体の体積および反応界面の面積が同じ場合には、溶解速度は $(C_s - C)$ で決定されるため、飽和濃度との濃度差が溶解の駆動力となる。

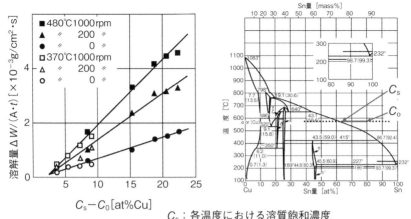

C_s：各温度における溶質飽和濃度
C_0：Cuの初期濃度

（出典：標準マイクロソルダリング技術　第3版、(2011)、日刊工業新聞社）

図3.41　溶融SnへのCu溶解速度に対するCuの初期濃度の影響

図3.41は、溶融Sn中で円柱状のCuを回転させた時の、Cuの単位時間単位面積当たりの溶解量に対する溶融Sn中のCuの初期濃度(C_0)の影響、すなわちCuの溶解量に対する(C_s-C_0)の影響を調査した例を示す。(C_s-C_0)が小さくなるにつれて、溶解量が少なくなっており、あらかじめはんだ中に母材成分を添加しておくことで溶解の駆動力を低減することができることがわかる。そのため、溶融はんだへの電極材の溶解の低減対策には、あらかじめはんだ中に電極材成分を添加することが有効である。Ag食われ対策用としてのはんだ中へのAg添加、鉛フリーはんだによるFe系合金やFeめっきの侵食対策用としてのはんだ中へのCoやNi添加[3.3, 3.4]、Sn-Ag-Cu系およびSn-Cu系はんだのCuの溶解防止策としてのNi添加[3.5, 3.6]などが報告されている。

図3.42にSn-40Pbはんだへの各種金属の溶解速度を示す。Sn-40Pbはんだへの各種金属の溶解速度は、溶解量が大きい順に、

Sn＞Au＞Ag＞Cu＞Pd＞Ni

となる。Snを主成分とする鉛フリーはんだについても同様の傾向が得られるものと予想される。AuはSn系はんだに非常に溶解しやすいため、Cu電極へのめっき材として、良好なぬれ性を確保するのに使用される。Cu電極上のNi/

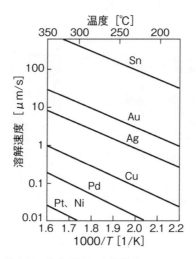

（出典：竹本正，佐藤了平：高信頼度マイクロソルダリング技術，工業調査会（1991））

図 3.42　Sn-40Pb 共晶はんだへの各種合金の溶解速度

Au めっきにおいては、ソルダリング条件により Au めっき層がはんだに完全に溶解してぬれにくい Ni 下地が現れると、Au めっき層にぬれていたはんだが Ni 下地にはじかれるディウェッティングを起こすことがある。図 3.42 に示したように、Ni は溶解速度が小さいため薄膜めっき材としては適するが、ぬれ性が Au や Cu に比べてかなり劣るため、ディウェッティングなどの問題がある。そこで、Ni よりはぬれ性が改善される Pd を用いた Ni/Pd/Au めっきなどの薄膜層も使用されている。

■3.5　金属固体内の原子の拡散

　容器内の水の中に 1 滴の赤い染料を落とすと、水をかき混ぜなくても染料は次第に広がっていき、最後には全体に薄い色がついた状態になる。この現象は、液体中に巨視的な流れがなくても、分子運動による分子の移動（分子拡散）により、染料が液体中を拡散するために起こり、分子は濃度の高いところから低いところへ移動する。固体内でも液体や気体に比べ原子の移動速度は遅いもの

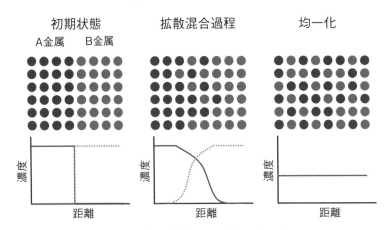

図 3.43 相互拡散による濃度の均一化

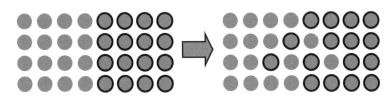

図 3.44 自己拡散

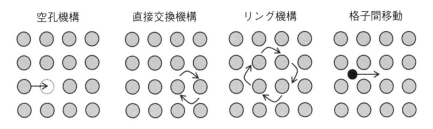

図 3.45 拡散の機構

の、同じ現象、すなわち濃度の高い方から低い方への原子の移動（拡散）が起こる。エレクトロニクス実装部の電極とはんだとの接合部においては、溶融はんだが電極にぬれると、はんだの成分元素が電極へ、電極の成分元素が溶融はんだ中へ拡散する。以下では、固体内の拡散について述べる[3.7, 3.8]。

　図 3.43 のように 2 つの金属が接する界面を生成すると、濃度の高い方から低

表3.3　Cuの自己拡散の活性化エネルギー値

機構	活性化エネルギー値（理論値）
直接交換	240 kcal/mol（10 eV 強）
格子間原子	230 kcal/mol（10 eV）
原子空孔	64 kcal/mol（約 3 eV）
実測値	50 kcal/mol（3 eV 弱）

（出典：幸田成康、改定　金属物理学序論、(1994)、
コロナ社）

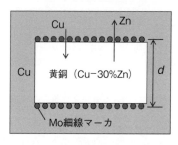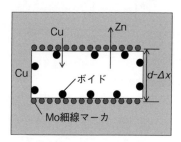

図3.46　カーケンドールの実験（カーケンドール効果）

い方へ原子の拡散が起こり、やがて濃度は均一になる。このような異種金属間の拡散を相互拡散と呼ぶ。**図3.44**のように、同種の金属同士を接触させておいても拡散は起こる。純金属中の原子の拡散を自己拡散と呼ぶ。

　拡散の機構としては、**図3.45**のような4つの機構が考えられているが、格子点を占める原子の拡散は空孔機構が主たる機構である。**表3.3**にCuの自己拡散の活性化エネルギー値の理論値の比較を示す。空孔機構の活性化エネルギー値は、直接交換型の1/4程度の値であり、実測値に近い。このことからも、自己拡散や置換型原子などの格子点を占める原子の拡散は、空孔機構によるものと判断されている。一方、鉄中の水素や炭素などの侵入型原子の拡散は、鉄原子に比べ侵入型原子のサイズが小さいため格子間の移動が可能であり、図3.45の格子間移動による拡散が主たる機構となる。

　空孔機構を示す証明となったカーケンドール（Kirkendall）による有名な研究がある。カーケンドールは、**図3.46**のように、黄銅（Cu-30 % Zn）にMo細線をマーカとして巻き付けて、その表面にCuをめっきして拡散実験を行った[3.9]。

そして、Mo 線のマーカ間距離 d が短くなること、およびマーカの移動距離 Δx は拡散時間 t の平方根に比例（$\Delta x \propto t^{0.5}$）することを見いだした。この結果は、マーカの移動は放物線則に従う拡散が原因であること、最初の接合界面を通る黄銅から Cu への Zn 原子の拡散速度が、Cu から黄銅への Cu 原子の拡散速度よりも速いことを示す。また、マーカの移動は、最初の接合界面を通しての質量の移動が生じることを意味しており、図 3.45 に示した拡散機構のうち、質量移動の生じる拡散機構は空孔機構であり、カーケンドールの実験は空孔拡散機構の検証実験となった。このように、A、B 二元系の相互拡散において、A 中の B の拡散速度と B 中の A の拡散速度が異なる場合には、拡散の進行とともに初期の界面の移動が生じる。これをカーケンドール効果と呼ぶ。また、カーケンドールの実験では、マーカより黄銅側に多数のボイドが観察された。これらのボイドは、Zn の拡散によりできた多量の原子空孔が合体して形成されたものである。エレクトロニクス実装分野では、このようなボイドはカーケンドールボイドと呼ばれるようになった。はんだ接合部では、接合界面に金属間化合物が生成することが多く、金属間化合物の生成に伴う体積変化によってもボイドが生成することがあるので、ボイドの生成要因の想定には注意を要する。

　固体内の原子の拡散は、濃度の高い方から低い方に進行し、その速度は、「熱が高温部から低温部に流れ、その流れが温度勾配に比例する」のと同様に、濃度勾配に比例する。

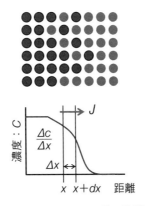

図 3.47　フィックの第 1 法則

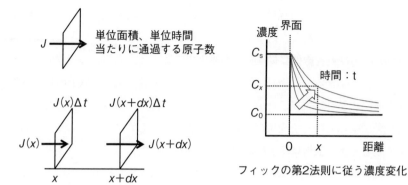

図 3.48　フィックの第2法則

図 3.47 のように2つの金属の界面において濃度 C に差がある場合、図の左側から右側に拡散移動する溶質原子の量は、濃度勾配に比例し、単位時間、単位面積当たりの溶質原子の移動量（流束）J は次式で表される。

$$J = -D\frac{dC}{dx}、\quad D：拡散係数 \tag{3-12}$$

この式はフィック（Fick）の第1法則と呼ばれる。拡散係数 D には温度依存性があり、

$$D = D_0 \exp\left(-\frac{Q}{RT}\right) \tag{3-13}$$

D_0：振動数因子、Q：活性化エネルギー、R：ガス定数、T：絶対温度で表され、流束 J は D と濃度勾配により決定される。

拡散現象の実際的な取扱いでは、濃度勾配は時間と位置によって変化するため、濃度 C を時間 t と位置 x の関数として考える必要がある。図 3.48 のように、Δt 時間の間にある位置 x の単位面積を通過する拡散原子の量を $J(x)\Delta t$ とし、さらに dx だけ離れた位置を通過する量を $J(x+dx)\Delta t$ とすれば、その差 ΔJ は、

$$\Delta J = J(x)\Delta t - J(x+dx)\Delta t \tag{3-14}$$

となる。この ΔJ が dx 間の原子濃度増分 ΔC になるから、

$$\Delta C \cdot \Delta V = \Delta C \cdot dx = J(x)\Delta t - J(x+dx)\Delta t \tag{3-15}$$
$$(\because \quad \Delta V = 1（単位面積）\cdot dx)$$

$$\Delta C / \Delta t = \frac{[\,J(x) - J(x+dx)\,]}{dx} = -\frac{\partial J}{\partial x} \partial J / \partial x \qquad (3\text{-}16)$$

よって、D が x に依存しない場合、ある位置における濃度の時間的変化は次式で表される。

$$\frac{\partial C}{\partial t} = -\frac{\partial J}{\partial x} = D \frac{\partial^2 C}{\partial x^2} \qquad (3\text{-}17)$$

これをフィックの第2法則という。式 (3-17) の一般解は、

$$C(x) = (\text{A} \cos \lambda x + \text{B} \sin \lambda x) \exp(-D\,t\,\lambda^2) \qquad (3\text{-}18)$$

で表され、A、B、λ は境界条件によって決まる。図 3.48 のように、初期濃度 C_S、C_0 の界面において、D が一定で、C_S、C_0 が変化しないものとすると、距離 x における濃度 C_x は、時間 t の関数として、

$$\frac{C_s - C_x}{C_s - C_0} = \text{erf} \frac{x}{2\sqrt{Dt}} \qquad (3\text{-}19)$$

と表され、時間経過に伴う濃度変化は図 3.48 のようになる。ここで、$\text{erf}(x)$ は誤差関数と呼ばれ、

$$\text{erf}(x) = \frac{2}{\sqrt{\pi}} \int_0^x \exp(-z^2)\,\mathrm{d}z \qquad (3\text{-}20)$$

で表される。

以上では、濃度勾配によって生じる拡散について述べたが、電場（エレクトロマイグレーション）、温度勾配下（サーモマイグレーション）、応力勾配下においても拡散は起こり[3.7]、半導体の微細構造などでは信頼性上の問題となる。

金属における原子の拡散様式には、**図 3.49** に示す、金属格子中の体拡散、結晶粒界に沿う粒界拡散、表面に沿う表面拡散がある。一般的にそれぞれの拡散

体拡散　　　　　　粒界拡散　　　　　　表面拡散

図 3.49　金属における原子の拡散様式

表 3.4　はんだ接合部に関連する主な拡散係数

金属（母材）	拡散元素	測定温度（K）	拡散方向	D_0 (m²/s)	Q (kJ/mol)
Sn	Sn	433–501	⊥	1.1×10^{-3}	105
			∥	7.7×10^{-4}	107
	Ag	403–503	⊥	1.8×10^{-5}	77
			∥	7.1×10^{-7}	51.5
	Cu	413–503		2.4×10^{-7}	33.1
	Ni	393–473		1.9×10^{-6}	54.2
		298–373		2.0×10^{-6}	18.1
Cu	Cu	992–1355		8.8×10^{-5}	211
溶融 Sn	Sn	540–956		3.02×10^{-8}	10.8

（拡散方向の⊥∥はそれぞれ Sn の体心正方格子の c 軸に垂直および平行な方向への拡散に関する値を示す。）

様式における拡散係数 D は、

$$表面拡散＞粒界拡散＞体拡散$$

となり、その値は概して、

$$体拡散 \times 10^3 \sim 10^4 = 粒界拡散、粒界拡散 \times 10^3 \sim 10^4 = 表面拡散$$

程度の差がある。拡散係数 D は、結晶構造、結晶の面および方向、ほかの元素の存在および濃度などによっても異なる。**表 3.4** には、エレクトロニクス実装のはんだ接合部に関連する主な体拡散による拡散係数を示す。

■3.6　溶融はんだの凝固

3.6.1　核生成

　一般に、金属材料は溶融・凝固プロセスによって素材が製造される。鋼は連続鋳造にて製造され、複雑形状部材の場合には鋳造により部材の形状を有する素材を製造する場合もある。凝固は液相から固相への変態であり、潜熱の発生や固相-液相間の原子のやり取りが起こって様々な組織が形成される。そのため、生成する組織に応じた機械的特性が出現することになる。電子部品実装で使用

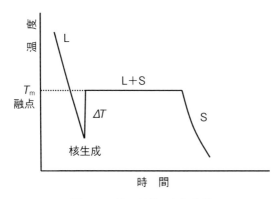

図 3.50　凝固過程の冷却曲線

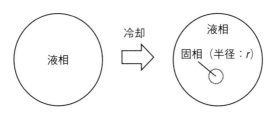

図 3.51　均一核生成

されるはんだは、基本的に凝固ままの組織で使用される。

　液相から固相への変態である凝固は、エントロピーが減少する変態であり、変態の開始には駆動力が必要となる。**図 3.50** のように、液相が融点以下まで冷却された後に核生成が起こって固相が生成する。図中の ΔT は過冷と呼ばれ、固相の形成は状態図の融点で起こるわけではなく一定の過冷が必要となる。固相が生成すると、潜熱が放出されて融点まで温度が上昇する。潜熱の放出と外部への熱移動が平衡して温度が融点で保持されると、液相と固相の平衡状態となり凝固が進行する。凝固が完了すると潜熱の放出がなくなり温度は下降する。

　溶湯中に初晶が晶出して凝固が開始されるには、溶湯中に核が生成される必要があり、生成した核が成長することによって結晶になる。**図 3.51** のように半径 r の球状の核が液相中に生じる場合を考える。均一な液相中に固相が形成されると、液相から固相への変態による体積エネルギー差および固–液界面の形成による自由エネルギーの変化 ΔF が生じ、次のように表される。

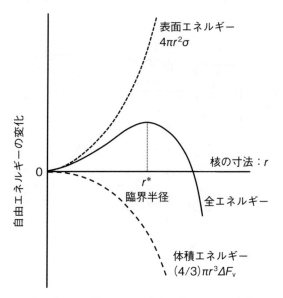

図 3.52　凝固核の半径と自由エネルギーの変化

$$\Delta F = \frac{4}{3}\pi r^3 \Delta F_v + 4\pi r^2 \sigma \qquad (3\text{-}21)$$

ΔF：自由エネルギー変化、

ΔF_v：核の生成による単位体積当たりの液相と固相の自由エネルギー差、

σ：単位面積当たりの固–液界面エネルギー

　融点（凝固温度）以下では体積自由エネルギーは、液相より固相の方が小さいので、ΔF_v は負の値となる。式（3-21）の関係を**図 3.52** に示す。図において、$\dfrac{d(\Delta F)}{d r} \geqq 0$ ならば、固相の半径が小さくなると自由エネルギーが低下するため、固相は液相に戻り核は消滅する。一方、$\dfrac{d(\Delta F)}{d r} \leqq 0$ であれば、固相として成長すると自由エネルギーが減少するため、核が生成することになる。図中のエネルギー曲線が極大値を示す時の半径 r は、核生成しうる最小半径であり、臨界半径 r^* と呼ばれる。よって、r^* よりも半径の大きな核は安定な核となるが、小さなものは安定な核とならず消滅する。この r^* よりも半径の小さな核をエンブリオと呼ぶ。臨界半径 r^* および自由エネルギーの極大値 ΔF^*（臨界半径を

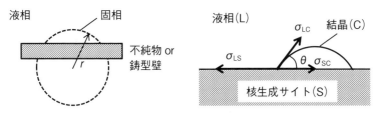

図 3.53 不均一核生成

有する核の自由エネルギー変化）は、それぞれ、

$$r^* = \left| \frac{2\sigma}{\Delta F_{\mathrm{v}}} \right|, \quad \Delta F^* = \frac{16\pi}{3} \frac{\sigma^3}{\Delta F_{\mathrm{v}}^2}$$

となる。また、ΔF_{v} は次式で与えられる。

$$\Delta F_{\mathrm{v}} = -\frac{\Delta H_{\mathrm{f}} \Delta T}{T_{\mathrm{m}}}$$

ΔH_{f}：凝固潜熱、ΔT（$T_{\mathrm{m}} - T$(相の温度)）：過冷、T_{m}：凝固温度（K）

　以上は均一な液相中に臨界半径以上の凝固核が生成する均一核生成の場合である。実際の凝固では、液相中の酸化物などの不純物あるいは鋳型の壁の表面に固相が核生成する不均一核生成が起こる。**図 3.53** に不均一核生成の模式図を示す。図のように液相（L）と接する核生成サイト（S）上に曲率半径 r の結晶核（C）がぬれ角 θ で生じる場合を考える。L/S、L/C および S/C の界面における界面エネルギーを σ_{LS}、σ_{LC} および σ_{SC} とすると、

$$\sigma_{\mathrm{LS}} = \sigma_{\mathrm{SC}} + \sigma_{\mathrm{LC}} \cos \theta \tag{3-22}$$

なる関係が成り立つ。核生成に伴う自由エネルギー変化 ΔF_{i} は、均一核生成の場合と同様、単位体積当たりの自由エネルギー変化と界面エネルギーの変化の和で表すことができる。図 3.53 において、該当する体積および面積は、

$$\text{結晶核の体積：} \frac{1}{3}\pi r^3 (2 - 3\cos\theta + \cos^3\theta) \tag{3-23}$$

$$\text{L/C 界面の面積：} 2\pi r^2 (1 - \cos\theta) \tag{3-24}$$

$$\text{S/C 界面の面積：} \pi r^2 \sin^2\theta = \pi r^2 (1 - \cos^2\theta) \tag{3-25}$$

であるので、

$$\Delta F_{\mathrm{i}} = \frac{1}{3}\pi r^3(2 - 3\cos\theta + \cos^3\theta) \cdot \Delta F_{\mathrm{v}}$$

$$+ 2\pi r^2(1 - \cos\theta)\sigma_{\mathrm{LC}} + \pi r^2(1 - \cos^2\theta) \cdot (\sigma_{\mathrm{SC}} - \sigma_{\mathrm{LS}})$$

$$= \left(\frac{4}{3}\pi r^3 \Delta F_{\mathrm{v}} + 4\pi r^2 \cos^3\theta\,\sigma_{\mathrm{LC}}\right) \cdot S(\theta) \tag{3-26}$$

$$S(\theta) = (2 - 3\cos\theta + \cos^3\theta)/4 = \{(2 + \cos\theta)(1 - \cos\theta)^2\}/4 \tag{3-27}$$

となる。$S(\theta)$ は、$S(0) = 0$、$S(\pi) = 1$ の単調増加関数である。式(3-26)と(3-27)より、不均一核生成の臨界半径は均一核生成と同様に求められる。しかし、自由エネルギーの極大値 $\Delta F_{\mathrm{i}}{}^*$ は均一核生成の $S(\theta)$ 倍になり、均一核生成の場合に比べ小さくなる。ぬれ角 θ が0に近い場合、$\Delta F_{\mathrm{i}}{}^*$ は非常に小さくなるため容易に核生成が起こる。ΔF_{i} が小さいと核生成に必要な過冷度も小さくなるため、不均一核生成では、せいぜい10℃程度の過冷度で核生成が起こる。このように核生成の容易さは、液相、固相、核生成サイトの界面エネルギーの関係に依存する。

3.6.2　凝固組織の成長

　凝固で生じた核は、主として温度勾配の方向に成長して新たな相を形成する。核が均一に生成して冷却速度が遅い場合には、成長面が平坦となる平面成長が起こる（**図 3.54** 参照）。一方、合金で過冷が大きい凝固の場合、平面成長では

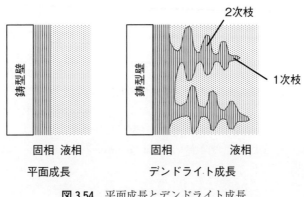

図 3.54　平面成長とデンドライト成長

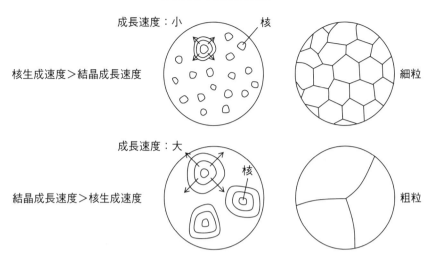

成長速度：小

核

核生成速度＞結晶成長速度

細粒

成長速度：大

核

結晶成長速度＞核生成速度

粗粒

図 3.55 核生成速度、結晶成長速度と結晶粒の大きさの関係

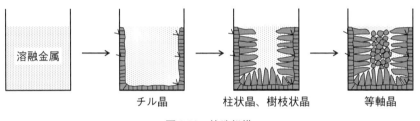

溶融金属

チル晶

柱状晶、樹枝状晶

等軸晶

図 3.56 鋳造組織

なくデンドライト（樹枝状）成長が起こる（図 3.54 参照）。凝固時に潜熱が放出されると、デンドライト近傍の溶湯の温度が回復し過冷度が低下する。すると、1 次枝デンドライトの成長方向の直角方向に 2 次枝が生じ、さらにこれと直角な方向に 3 次枝が生成する。このような凝固組織をデンドライト組織という。

　凝固により生成する結晶粒の大きさは、核生成の速度と結晶の成長速度により影響を受ける。**図 3.55** に示すように、過冷による核生成速度が結晶成長速度より大きい場合には、細かい結晶粒（細粒）が生成する。逆の場合、粗い結晶粒（粗粒）が生成する。核発生速度と結晶成長速度は、凝固温度、過冷度、凝固速度によって変化するが、一般的に冷却速度が大きいと細かい結晶粒が生成

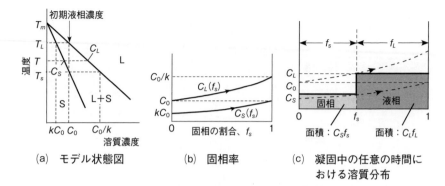

(a)　モデル状態図　　　(b)　固相率　　　(c)　凝固中の任意の時間に
おける溶質分布

図 **3.57**　平衡凝固における溶質の分配

する。

　鋳型中で溶融金属を凝固させると、**図 3.56** のような鋳造組織が生成する。溶融金属が鋳型の壁面に接すると、急冷により、チル晶と呼ばれる方向性のない細かい結晶粒が生成する。次に、凝固の進行に伴い、鋳型壁と直角方向に柱状晶と呼ばれる樹枝状のデンドライトが成長する。最終凝固部となる中心部では、急冷により再び方向性のない等軸晶と呼ばれる細かい結晶粒が生成する。図3.56 のような凝固組織は 1 次組織とも呼ばれ、一般に工業用材料では塑性加工処理や加熱処理によって、より均一な 2 次組織に変化させて使用される。

3.6.3　偏析（ミクロ偏析）

　3.2 で述べた合金の平衡状態図は、一定温度で組織が安定するまで十分に保持した時の平衡相を示す。凝固過程では、凝固界面において固相と液相が局所的な平衡状態となるように、溶質原子が固相と液相に分配される。凝固部が非常にゆっくりと冷却され、固相内および液相内の溶質が十分に拡散し、固相および液相内の溶質濃度がそれぞれ均一になる平衡凝固の場合を考える。**図 3.57** (a)の合金状態図における溶質濃度 C_0 の合金において、平衡分配係数を k とする。k は平衡する液相の濃度 C_L と固相の濃度 C_S の比（C_S/C_L）である。溶質濃度 C_0 の合金の凝固の場合、固相率を f_S、液相率を f_L とすると、凝固に伴う固相および液相の溶質濃度は図 3.57 (b)のように変化する。また、凝固中の任意の時間

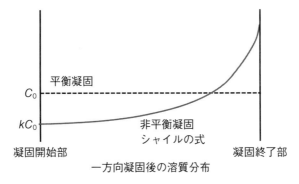

図 3.58 平衡凝固および非平衡凝固における一方向凝固後の溶質分布

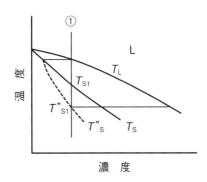

図 3.59 非平衡凝固での固相線の移動

における溶質分布は図 3.57 (c) のように表すことができ、質量保存則より、

$$C_S f_S + C_L f_L = C_0(f_S + f_L) = C_0 \qquad (3\text{--}28)$$

が成り立つ。そのため、$f_L = (C_0 - C_S)/(C_L - C_S)$ および $f_S = (C_L - C_0)/(C_L - C_S)$ なるてこの原理が導かれる。そして、C_L は次式で表される。

$$C_L = C_0/\{(1 - (1 - k)f_S\} \qquad (3\text{--}29)$$

　一方、固相においては溶質元素の拡散がほとんど生じず、液相においては十分な拡散および機械的撹拌によって濃度が均一になるような非平衡凝固では、C_L および C_S は次のシャイルの式が成り立つ。

$$C_L = C_0(1 - f_S)^{k-1} \qquad (3\text{--}30)$$

$$C_S = kC_0(1 - f_S)^{k-1} \qquad (3\text{--}31)$$

　図3.58に、平衡凝固および非平衡凝固における一方向凝固後の溶質分布のイメージ図を示すが、シャイルの式に従う非平衡凝固では$f_S=1$に近づく凝固末期の液相における溶質濃度が急激に上昇する。その結果、平衡凝固の場合とは異なり、溶質原子の分配が十分に行われず、晶出した固相中の溶質原子濃度に差が生じる偏析（またはミクロ偏析）が起こる。液相においても、晶出相の近傍と遠方では濃度に差が生じる。このため、実際のはんだ接合部のように、冷却速度が大きい場合には、図3.59に示すように状態図の固相線が平衡状態よりも低温側にずれる。固相線T_sはT''_sのように低濃度側にずれ、①の組成の合金の凝固終了温度はT_{s1}ではなく、より低温のT''_{s1}となる。同様に、共晶温度や共晶濃度も冷却速度により変化する。凝固過程において、潜熱の放出による温度上昇を抑制するほど冷却速度が大きい場合には、凝固界面における局所平衡は成立しなくなり、平衡状態では形成されない準安定相や非晶質などが形成される。

■3.7　回復と再結晶

　金属や合金に圧延や曲げなどの塑性加工を施すと、結晶の内部に点欠陥、転位、積層欠陥などの格子欠陥が多数導入される。そのような加工組織を再結晶温度以上の温度に保持すると、回復、再結晶、結晶粒成長が引き続いて起こる。図3.60にその模式図を示す。

　加工を受けた金属材料のせん断強度τと転位密度ρ（m/m^3）との間には、次のベイリー–ハーシュ（Bailey–Hirsch）の関係が成り立つことが知られている。

$$\tau = \alpha\mu b\sqrt{\rho} \tag{3-32}$$

(1)　冷間加工後　　　(2)　回復　　　(3)　再結晶　　　(4)　結晶粒成長・粗大化

図3.60　回復・再結晶・結晶粒の粗大化

α：定数（0.5 程度）、b：バーガースベクトルの大きさ、μ：剛性率

　式(3-32)が示すように、加工により格子欠陥が導入されると、金属材料は加工硬化を起こす。回復と再結晶は、加工により導入された格子欠陥の蓄積エネルギーを駆動力として進行する。

　塑性加工を受けた材料を加熱して熱処理を施すと、蓄積された点欠陥の消滅および転位の消滅と再配列が起こり、蓄積エネルギーが解放される回復が生じる。回復過程では、格子欠陥の密度や分布に変化が生じサブグレインが形成されるが、結晶粒の形状など光学顕微鏡レベルの材料組織はほとんど変化しない（図3.60(2)参照）。そのため、電気抵抗値は減少するが、硬さや強度などの機械的性質はほとんど変化しない。

　加熱熱処理をさらに進めると、転位密度の低い新しい結晶粒の核が生成して成長する再結晶が生じる（図3.60(3)参照）。工業的には、1時間で再結晶が完了する温度のことを再結晶温度と定義し、一般に金属材料の場合、再結晶温度は

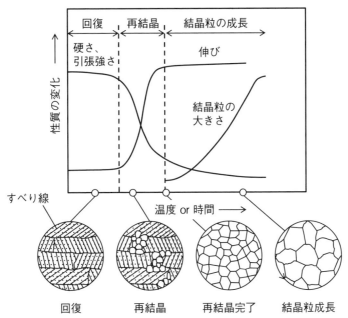

（出典：荘司他、機械材料学、（2014）、丸善出版）

図3.61　回復・再結晶・結晶粒成長による性質変化

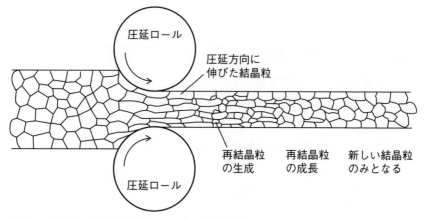

（出典：荘司他、機械材料学、(2014)、丸善出版）

図 3.62　動的再結晶（鋼板の熱間圧延中の組織変化）

$0.4\sim0.5T_m$（T_m：融点 (K)）程度となる。回復および再結晶は、格子欠陥の蓄積エネルギーを駆動力として格子欠陥の拡散に律速されるため、加工度、熱処理温度および熱処理時間による影響を強く受ける。

　再結晶が完了して転位密度の低い結晶粒にすべて置き換わった後も、さらに熱処理を続けると、結晶粒の粗大化、すなわち結晶粒の成長が起こる（図 3.60 (4)参照）。その駆動力は粒界エネルギーであり、結晶粒の粗大化により全体として粒界の面積は減少する。

　図 3.61 に回復・再結晶・結晶粒成長による各種性質の変化と組織の変化を模式図的に示す。図に示した再結晶は冷間加工などの塑性加工によるひずみの導入後、加熱により進行するもので静的再結晶とも呼ばれる。**図 3.62** に示すように、再結晶温度よりも高温で圧延などの塑性加工を行うと、加工と同時に回復・再結晶・結晶粒成長が進行する。このような再結晶は動的再結晶と呼ばれる。近年、Sn–Ag–Cu 系などの鉛フリーはんだにおいては、疲労試験時に動的回復を伴う連続動的再結晶により生じる微細結晶粒の粒界をき裂が進展して損傷することが明らかにされている[3.10-3.12]。

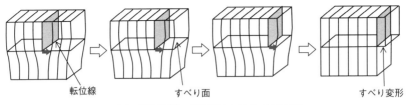

(a)　刃状転位の移動によるすべり変形

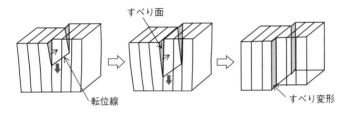

(b)　らせん転位の移動によるすべり変形

図 3.63　転位の運動によるすべり変形

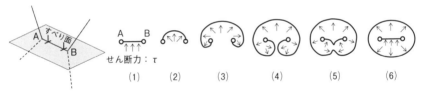

図 3.64　フランク・リード源による転位の増殖

■3.8　金属の強化機構

　3.1.5 で述べたように、金属の塑性変形は、転位の運動による結晶面のすべり変形により起こる。**図 3.63** に転位の運動によるすべり変形を示す。図のように1つの転位線の運動によるすべり変形では、1原子分の変位しか変形しない。一般に、熱処理によりひずみや転位を十分に除去した金属中の転位密度は $10^8 \sim 10^9\,\mathrm{m}^{-2}$ 程度であり、ひずみが数 10 % から 100 % にも及ぶ金属の塑性変形は説明できない。フランク（Frank）とリード（Read）は、すべり変形の進行に伴い、転位が次々に生み出されていく転位の増殖機構を提唱した。**図 3.64** のよう

に、転位があるすべり面上において、AおよびB点で固定されている場合を考える。両端が動けない状態の転位線に外力が作用すると、わん曲→合体→消滅の過程により、新たな転位ループが生み出される。この繰り返しにより、転位の数は増加することができるため、金属の塑性変形が可能となる。線分ABのような増殖の元になる箇所はフランク・リード源と呼ばれる。

　上述したように金属の塑性変形は転位の移動により起こるため、金属の強度を増加させるには、降伏強度を増加させることが重要である。強化手法としては、無転位化と転位の運動を抑制する方法があるが、ここではより一般的な手法である後者の手法について述べる。転位運動の抑制による金属の強化手法には、次のようなものがある。

　①　固溶強（硬）化

　固溶体化することによる強化（硬化）法。固溶原子により、結晶にひずみが生じ、転位の運動が妨げられる。Sn母相中へのSbやBiの微量添加がこれに当たる。

　②　分散強（硬）化

　金属基地（母相）中に、転位によって分断されない酸化物、炭化物などの粉末粒子を分散させて、転位の移動を妨げる強化法。

　転位の運動に必要な臨界せん断応力 τ_{max} は、

$$\tau_{max} = 2\,\alpha Gbl^{-1} \tag{3-33}$$

α：定数（0.5～1）、G：剛性率、b：バーガースベクトル、l：分散粒子間隔で与えられるため、分散粒子が密に分散する時に強化されることになる。Sn-Ag系はんだ中に分散する晶出 Ag_3Sn 粒子がこれに当たる。

　③　析出強化

　分散粒子に代わって、析出物により転位の運動を妨げる強化法。時効強化型のAl合金では、溶体化処理（固溶化処理）とその後の時効処理（析出処理）を組み合わせて強化が図られている。

　④　結晶粒微細化

　結晶粒界を障害とすることで、転位の運動を妨げる強化法。結晶粒界は方位の異なる結晶粒の境界であるため、粒内における転位の移動の障害となる。降

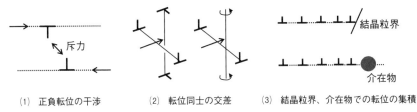

(1) 正負転位の干渉　　　(2) 転位同士の交差　　　(3) 結晶粒界、介在物での転位の集積

図 3.65 転位同士の干渉

伏強度 σ_y と結晶粒直径 d との間には、

$$\sigma_y = \sigma_0 + (k/\sqrt{d}) \quad (\sigma_0,\ k:\text{定数}) \tag{3-34}$$

なる Hall–Petch の関係が成立することが知られている。

⑤　加工硬化

塑性変形により増殖した転位の集積や干渉によって転位の移動を妨げる強化法。**図 3.65** のように、増殖した転位は、逆符号の転位の干渉、転位同士の干渉、結晶粒界や介在物での集積により、移動が抑制される。塑性変形に必要な応力と転位密度の間には次のベイリー–ハーシュ（Bailey–Hirsch）の関係が成り立つことが知られている。

$$\sigma_p = \alpha G b \sqrt{\rho} \tag{3-35}$$

σ_p：塑性変形に必要な応力、α：定数（0.5）、ρ：転位密度

Al や Cu 合金などの非鉄金属には、冷間圧延による加工硬化が広く使用されている。

【参考文献】

3.1）平田好則：溶接学会誌，Vol. 86，（2017）pp. 6–11.

3.2）標準マイクロソルダリング技術　第 3 版，日刊工業新聞社，（2011）

3.3）竹本正，竹本雅春：エレクトロニクス実装学会誌，Vol. 6, No. 6, （2003）pp. 496 –502.

3.4）H. Nishikawa, A. Komatsu, T. Takemoto: Materials Transactions, Vol. 46, No. 11, (2005), pp. 2394–2399.

3.5）H. Watanabe, M. Nagai, T. Osawa, I. Shohji: Key Engineering Materials, Vols. 462 –463, (2011), pp. 70–75.

3.6) 荘司郁夫, 渡邉裕彦, 永井麻里江, 大澤勤：エレクトロニクス実装学会誌, Vol. 14, No. 5, (2011) pp. 382-389.

3.7) 小岩昌宏, 中嶋英雄：材料における拡散, 内田老鶴圃, (2009)

3.8) Paul G. Shewmon 著, 笛木和雄, 北澤宏一　共訳, 固体内の拡散, コロナ社 (2001)

3.9) A. Smigelkas, E. Kirkendall: Trans. AIME, Vol. 171 (1947) p. 130-142.

3.10) Y. Kariya, H. Kontani: Proc. of 7th International Conference on Low Cycle Fatigue, (2013), pp. 465-470.

3.11) J. B. Libot, J. Alexis, O. Dalverny, L. Arnaud, P. Milesi, F. Dulondel: Microelectronics Reliability, Vol. 83 (2018), pp. 64-76.

3.12) 三ツ井恒平, 荘司郁夫, 小林竜也, 渡邉裕彦：スマートプロセス学会誌, Vol. 9, No. 3, (2020), pp. 133-139.

【その他の参考図書】

(1) 幸田成康：改訂　金属物理学序論, コロナ社, (1973)

(2) 松原英一郎, 田中功, 大谷博司, 安田秀幸, 沼倉宏, 古原忠, 辻伸泰：金属材料組織学, 朝倉書店, (2011)

(3) 荘司郁夫, 小山真司, 井上雅博, 山内啓, 安藤哲也：機械材料学, (2014)

【第 3 章の演習問題】

【3-1】 BCC、FCC、HCP 単位胞中における原子の数をそれぞれ求めなさい。

【3-2】 FCC における配位数を求めなさい。

【3-3】 原子半径を r とした時のBCCおよびFCC格子における格子定数 a を、それぞれ求めなさい。

【3-4】 FCC 格子における充填率を求めよ。

【3-5】 はじめ原点にあった原子は拡散によって t 秒間に原点から平均 r の距離に移動する。この平均距離 r は、

$$r = \sqrt{Dt}$$

で近似的に与えられる。拡散係数 $D = 10^{-10}$ cm²/s とする時、$r = 1$ mm になるには、どのくらいの時間を要するか求めなさい。

【3-6】 Al 中への Ag の拡散係数 D は温度により次の表のように変わる。Al 中を Ag が拡散する時の活性化エネルギーを算出せよ。

温度（℃）	D（cm²/s）
465	1.9×10^{-10}
500	7.3×10^{-10}
573	3.5×10^{-9}

【3-7】 次のはんだ材料の組成を at %（mol %） ⇔ wt %（mass %）変換せよ。

Cu、Ag および Sn の原子量はそれぞれ 63.5、108 および 119 とする。

⑴ Cu₃Sn

⑵ Sn-3 wt % Ag-0.5 wt % Cu

【3-8】 図は Ag-Sn 系の二元系平衡状態図である。以下の問いに答えよ。

⑴ この系における３つの不変系反応の式とそれらが生じる温度を示せ。

⑵ Sn-10 mass % Ag を 400℃ から徐冷した。初晶はなにか。また初晶が出始める温度を答えよ。

⑶ ⑵の場合、250℃ で存在する相とそれらの存在比を答えよ。

⑷ ε 相を簡単な原子比で表した化学式で答えよ。また ε 相が液相になり始める温度を答えよ。

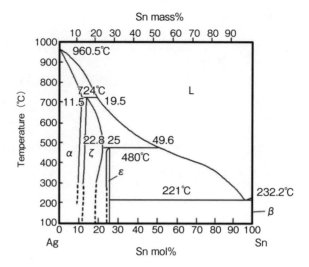

第4章 エレクトロニクス実装用材料

　電子デバイスは金属材料、無機材料ならびに有機材料で構成されたマルチマテリアル構造体となるため、その製造においては多くの接合プロセスが必要となる。本章においては電子デバイス製造に必要な接合用の材料ならびに被接合材料について説明する。

■4.1　はんだ（ソルダ）

4.1.1　はんだ材料

　電子デバイスではソルダリング（はんだ付）が非常に多くの箇所で使用されており、基盤製造技術の一つである。ソルダリングとろう付はどちらも溶加材（はんだ、ろう）の融点以上かつ被接合材の融点以下の温度で接合する方法で、ぬれ、溶解、拡散現象が接合における基盤原理となる。ろう付とソルダリングは使用する溶加材の液相線温度によって定義されており[4.1)]、液相線温度が450℃以上のろうを用いるろう付、450℃未満のはんだを用いるソルダリングとに分類されている。

　はんだは融点が低いため人類にとって扱いやすく、古代から広く活用されてきた。はんだ材料の中でも Pb-Sn 二元系はんだは Sn 含有量を 5〜95 mass％と変化させることで液相線温度を 183〜314℃と大きく変化させることが可能で、また中間組成で金属間化合物が存在しないため（**図4.1**）はんだ材料としては非常に使い勝手がよかった。特に Pb-61.9 mass％ Sn 共晶合金は、その融点（共晶温度）が183℃と低温であるため、その組成に近い合金および第3元素を添加した合金が広く利用されてきた。第3元素を添加した Pb-Sn 系合金として

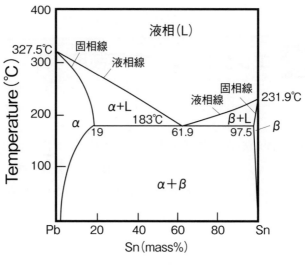

図4.1　Sn–Pb 平衡状態図

は、はんだへの Ag の溶解（銀食われ）を抑制した Sn–Pb–Ag 系、Cu の溶解（銅食われ）を抑制した Sn–Pb–Cu 系、融点を下げた Sn–Pb–Bi 系、液相線温度をあまり変化させずに強度を高めた Sn–Pb–Sb 系などがある。さらに、JIS には規定されていないが Pb 基に Ag、Sb、In などを 2～2.5 mass ％添加した合金は溶融温度範囲が 300～380 ℃にもなり、高温はんだとして Si チップのダイボンドなどの用途に使用されている。しかしながら、2006 年 7 月に施行された EU（欧州連合）における RoHS 指令により Pb などの有害物質が電子機器に使用できなくなり、一部の例外を除きほとんどが鉛フリーはんだに置き換えられてきた。

　鉛フリーはんだは**表4.1** に示すように JIS Z3282 で溶融温度範囲ごとに高温系、中高温系、中温系、中低温系および低温系に大別されて規定されている[4.2]。主な鉛フリーはんだの溶融温度域を**図4.2** に示す。Sn–Bi や Sn–In 系の低温系以外はほとんどが従来の Sn–Pb 共晶はんだの共晶温度（183 ℃）以上の溶融温度域にあるのがわかる。そのほかにも従来の Sn–Pb 共晶はんだと比較して鉛フリーはんだはぬれ性に劣る、母材の溶解能が高い、硬くて変形しにくいため接合界面への応力集中が高い、Sn ウィスカが発生しやすいなどの課題があるが、

表 4.1 鉛フリーはんだの種類[42]

合金系		種類	溶融温度範囲		比重
			固相線温度 （℃）	液相線温度 （℃）	
高温系 　固相線≧217℃ かつ 　液相線≧225℃	Sn–Sb	Sn–5Sb	238	241	7.3
	Sn–Cu	Sn–3Cu	227	309	7.3
		Sn–0.7Cu	227	227	7.3
	Sn–Cu–Ni	Sn–0.7Cu–0.05Ni	227	227	7.3
	Sn–Ag	Sn–5Ag	221	240	7.4
	Sn–Cu–Ag	Sn–6Cu–2Ag	217	373	7.5
		Sn–4Cu–1Ag	217	335	7.4
		Sn–0.7Cu–0.3Ag	217	226	7.3
	Sn–Ag–Cu–In	Sn–1.2Ag–0.5Cu–0.5In	217	225	7.4
中高温系 　固相線≧217℃ かつ 　液相線＜225℃	Sn–Ag	Sn–3Ag	221	222	7.4
		Sn–3.5Ag	221	221	7.4
		Sn–3.7Ag	221	221	7.4
	Sn–Cu–Ag–P–Ga	Sn–0.5Cu–0.3Ag–0.05P–0.05Ga	217	224	7.3
	Sn–Ag–Cu	Sn–1Ag–0.7Cu	217	224	7.4
		Sn–3Ag–0.5Cu	217	219	7.4
		Sn–4Ag–0.5Cu	217	219	7.4
	Sn–Ag–Cu–Ni–Ge	Sn–3.5Ag–0.5Cu–0.07Ni–0.01Ge	217	219	7.4
	Sn–Bi–Cu–In	Sn–1.7Bi–0.8Cu–0.6In	217	218	7.4
	Sn–Ag–Cu	Sn–3.5Ag–0.7Cu	217	217	7.4
		Sn–3.8Ag–0.7Cu	217	217	7.4
	Sn–Cu–Ni–P–Ga	Sn–0.7Cu–0.25Ni–0.05P–0.05Ga	214	220	7.3
中温系 　150℃≦固相線＜217℃ かつ 　200℃≦液相線	Sn–Ag–Bi–Cu	Sn–2.5Ag–1Bi–0.5Cu	213	218	7.4
	Sn–Bi–Ag–Cu–In	Sn–1.6Bi–1Ag–0.7Cu–0.2In	210	222	7.4
	Sn–Bi–Ag–Cu	Sn–2Bi–1Ag–0.7Cu	208	221	7.4
	Sn–In–Ag–Bi	Sn–4In–3.5Ag–0.5Bi	207	212	7.4
		Sn–8In–3.5Ag–0.5Bi	196	206	7.4
中低温系 　150℃≦固相線温度 かつ 　液相線温度＜200℃	Sn–Zn	Sn–9Zn	198	198	7.4
	Sn–Zn–Bi	Sn–8Zn–3Bi	190	196	7.4
低温系 　固相線温度＜150℃	Bi–Sn	Bi–42Sn	139	139	8.7
	Sn–In	In–48Sn	119	119	7.7

※注記　固相線温度・液相線温度は ISO9453：2014 表記値および JIS Z 3198–1 によるラウンドロビンテ
　　　スト試験結果による。

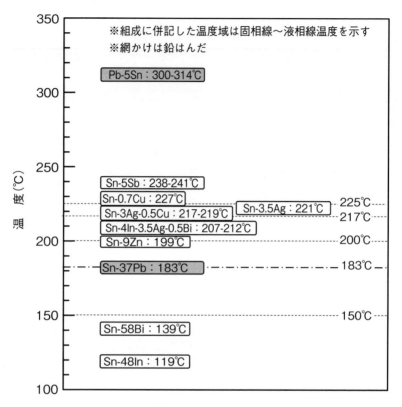

図4.2　種々のはんだの溶融温度域

現在ではこれを踏まえたうえで設計、実装が実施されるようになっている。主な Sn 系の鉛フリーはんだの用途および特徴を**表4.2**に示す。なかでも Sn-3Ag-0.5Cu はんだは信頼性が高く、作業性もよいことから今日もっとも広範に使用されている。このほかに Au 系のはんだとして、Au-6Si、Au-12Ge、Au-20Sn などの共晶近傍組成のはんだが高温はんだとしてダイボンドなどに使用されている。また、低温用としては融点が156℃と低い In をベースとする In はんだが用いられる。In 基はんだは軟らかく熱疲労に強い特徴を持ち、また Sn 基はんだに比べて Au および Ag の溶解速度が小さいので厚膜や薄膜電極用に Au 食われ抑制のために用いられる。

表 4.2　鉛フリーはんだの特徴

	特徴、用途など
Sn–Ag–Cu 系	・Sn-3.5Ag 共晶合金に Cu を 0.7 ％添加することで三元共晶点が 217 ℃まで低温化可能でフローおよびリフローソルダリングにおいて使用。特に Sn-3Ag-0.5Cu 合金は信頼性、作業性のよさから日本で使用される鉛フリーはんだの約 80 ％を占める。 ・耐熱信頼性（熱疲労・クリープ）が良好。 ・溶融温度幅（固相–液相）が狭い。 棒、ソルダペースト、ヤニ入り、プリフォームなどあらゆる形状で供給可能。
Sn–Cu 系	・共晶温度が高い（227 ℃）のでフローソルダリング用。 ・Ag を含まないために比較的安価。 ・徐冷時の引け巣やシワが少ない。 ・Sn–Ag–Cu よりもぬれ性が劣る。
Sn–Zn（–Bi）系	・Sn–9Zn 共晶温度が 199 ℃と Sn–Pb 共晶温度に近いため実装温度プロファイルを低く設定でき、耐熱性に劣る電子部品用として使用できる。 ・Zn が酸化しやすく、ぬれ性を阻害するため材料および環境管理が重要となる。
Sn–Ag–Bi（–In）系	・Sn–Ag 系合金に Bi を添加することで液相線温度を低温化でき、強度も向上する。 ・Bi 添加量の増加とともに伸びは減少する。 ・In を数％添加することではんだの機械的特性は改善。
Sn–Sb 系	固相線温度、液相線温度が他の鉛フリーはんだに比べて高いため、主にダイボンド用。
Sn–Ag 系	共晶温度が高い（221 ℃）ため Cu、Bi などの第 3 元素を添加して融点を下げた合金系が開発されている。 疲労などの機械的特性に優れる。
Sn–Bi 系	Sn–58Bi 共晶合金は融点が 139 ℃と低いので、低温実装で使用。

4.1.2　はんだの不純物管理

　はんだの酸化や電極の銅食われを軽減するなど、はんだの性能を改善する目的で P、Ni、Ge、Ga などの微量元素を意図的に添加することがあるが、一方ではんだの原料である Sn やそのほかの金属地金は精錬工程で除去しきれない不純物を含んでいる。これらの不純物はその種類、濃度によってははんだの外観、ぬれ性、融点、機械的性質に影響を与える。**表 4.3** は Pb–Sn 系はんだのぬれ性、

表 4.3 Sn–Pb 系はんだへの不純物元素の影響[4.3]

元素	添加量	効果		
		ぬれ性、はんだの酸化	機械的性質	その他
Ag	2 以下 2 以上	悪影響なし はんだ表面がざらざらになる	強くなる 脆くなる	特定条件下での熱疲労特性の改善
Al	0.005–0.001 0.005 0.05	はんだの表面酸化 流動性が劣る。ぬれ性の低下 ふくれを生じる		Sb の存在により AlSb を作る 耐食性劣化
As	0.005 0.06	黄銅に対してぬれ性低下 はんだ表面がざらざらになる		地金中の As を管理する必要がある 許容限：0.03 %
Au	0.5 以上 4 以上	流動性低下	脆性破壊しやすくなる	2.5 %まではソルダリング性に影響なし
Bi	0.2 0.5 2 10	ぬれ性が少し低下 表面の光沢がなくなる。青白く変色	伸びが低下	3 %以下ならぬれ性に顕著な悪影響はない つやがなく目視検査が容易となる
Cu	0.1 0.2 0.3	ぬれ性が急激に低下 フローソルダリングでブリッジ多発 はんだ表面がざらざらになる	強くなる	許容限：0.3 %、望ましくは 0.25 %以下
Cd	0.15 0.5–0.6 0.8	表面酸化、粘度増加、ぬれ性低下、フローはんだ付けでブリッジやつららの原因 表面の光沢がなくなりはじめる 光沢のなくなり方が著しい		ぬれ性はほぼ含有量に比例して低下 許容限：0.005–0.002 %
Fe		溶融はんだへの溶解度が小さいのでぬれ性への影響はほとんどない		固溶すると表面がざらつく 鉄製はんだ槽を 425 ℃以上にすると溶け込む
P	0.01 以上 0.1 以上	ディウェッティングを引き起こす 銅基板の場合、じゃりじゃりした表面		微量添加ではんだ浴の酸化防止効果あり
Sb	0.3 3 以下	広がりが少し低下 ぬれ時間と張力も低下	機械的性質改善効果あり	通常 0.5 % Sb まではその効果が明確でない 3 % Sb では SnSb が生じ、硬くなる
Zn	0.001 0.01	流動性低下、光沢の減少がみられる 流動性低下、光沢の減少が顕著 はんだ表面を酸化、ブリッジやつららの原因となる		粗い樹枝状晶を示す 許容値：0.005 %

（出典：溶接学会編、溶接・接合便覧、第 2 版、(2003)、p.419）

酸化性、機械的性質などに及ぼす不純物元素の影響を示したものである[43]。自動ソルダリング装置を用いたフローソルダリングの場合は、基板のランド材料である Cu や電極材料、めっき成分などがはんだ浴中に溶解し不純物となる。不純物濃度が規定値以上となるとソルダリング不良を引き起こすことがあるので、浴中の不純物濃度の管理は非常に重要である。

4.1.3　フラックス

　第3章で述べたように、ソルダリングはぬれ、溶解、拡散の物理現象の上に成り立っている。特にぬれ現象がソルダリングの良し悪しには大きく影響する。溶融したはんだが清浄な母材（基板）表面にぬれることで良好なソルダリングが達成される。清浄な母材表面とは汚れや酸化被膜がほとんどない状態をいう。油脂等の汚れはアセトンなどの脱脂溶剤を用いることで洗浄可能であるが、金属の表面を常に覆っている酸化皮膜の除去は困難である。また、研磨等によってたとえ酸化皮膜を一旦除去したとしても、研磨面は大気中では直ちに再酸化されてしまう。つまり溶融はんだを母材表面に適切にぬれさせるためには、母材表面の酸化皮膜を除去し、再酸化を防ぐことが必要となる。この目的のためにフラックスが使用される。**図 4.3** はフラックスを用いた場合と用いない場合の溶融はんだの母材表面へのぬれ形態を模式的に示したものである。第3章で述べたように、溶融はんだと基板（母材）とのぬれ角（接触角）は各界面（表面）エネルギーのバランスで決まる（ヤングの式(3-1)参照）。フラックスを用いない場合、母材金属表面および溶融はんだの表面は酸化皮膜で覆われており、溶融はんだの母材へのぬれは不十分でぬれ角は大きくなる。フラックスを用いた場合のヤングの式は、フラックスとの界面を考慮して次のように書くことができる。

$$\gamma_{sF} = \gamma_{lF} \cos\theta + \gamma_{ls} \tag{4-1}$$

γ_{sF}：母材とフラックスの界面エネルギー

γ_{lF}：溶融はんだとフラックスの界面エネルギー

γ_{ls}：溶融はんだと母材の界面エネルギー

　母材表面の酸化皮膜がフラックスによって除去されると、母材表面エネルギ

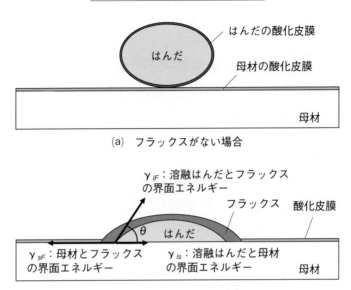

（a）　フラックスがない場合

（b）　フラックスがある場合

図4.3　溶融はんだと基板のぬれに対するフラックスの作用

ー（母材とフラックスの界面エネルギー）が大きくなるため、式(4-1)の左辺
が大きくなり、はんだのぬれ角が減少することになる。フラックスには母材表
面の酸化物やそのほかの表面皮膜を可溶性の化合物に変えて取り除く清浄作用
のほかに次のような役割も求められる。

　①再酸化防止：清浄になった母材表面や溶融はんだを被覆し、再酸化するこ
　　との防止

　②溶融はんだの表面エネルギー（厳密にはフラックス/溶融はんだの界面エ
　　ネルギー）の低下：溶融はんだの表面エネルギーを低下させ、母材上を流
　　動しやすくする。

　③熱源から継手部への熱移動の促進

　このような要求を満たすためにフラックスは主剤、活性成分、溶媒で構成さ
れる。主剤は溶融はんだおよび母材表面の酸化物と活性成分の反応生成物を溶
解し、母材および溶融はんだ表面を被覆して再酸化を防ぐ役割を示す。よく使
用されているのは松やに（ロジン）、変性ロジン、合成樹脂で、主成分はアビエ

チン酸である。主剤だけでは酸化膜除去作用が弱いので、活性剤を添加して酸化物の溶解除去作用を増大させて用いる。活性剤としてはアミンのハロゲン化水素酸塩、有機酸、アミン、有機ハロゲン化合物など多くの種類がある。活性力はソルダリング温度が高くなるほど強くなる傾向がある。溶媒は主剤、活性剤を溶解し、フラックスの粘度を下げる役割がある。フラックスを低粘度化するのは基板への均一塗布性、隙間への浸透を改善するためである。

　フラックスの最も大きな作用である金属表面の酸化膜除去の化学反応を主剤がロジンである場合を例にとり、その化学反応式を次に示す[44]。

$$CuO + 2C_{19}H_{29}COOH \rightarrow (C_{19}H_{29}-COO)_2Cu + H_2O$$
$$(CuO + 2R-COOH \rightarrow (R-COO)_2Cu + H_2O)$$

ロジン中に含まれるアビエチン酸が CuO を還元し、銅アビエテートを生成し溶解除去する。ただしフラックスには腐食作用があるため、ソルダリング後に残渣があるとプリント配線板の腐食、イオンマイグレーション、プリント配線板へのコーティング剤の密着不良等を引き起こすことがあるので、必要に応じて洗浄を行っている。

4.1.4　ソルダペースト

　ソルダペーストは主にプリント配線板に表面実装を行う場合に用いる。ソルダペーストとは、はんだ粉末とフラックスにチクソ剤、ダレ防止剤などの添加物を均一に混錬し、ペースト状にしたものである（図 4.4[44]）。ソルダペーストを用いた表面実装の模式図を図 4.5 に示す。ソルダペーストをプリント基板の電極上に供給し、その上に部品を載せる。全体を加熱することでペースト中のはんだ粉末が溶融し、フラックスの活性力によってはんだ表面および電極表面の酸化皮膜が還元される。それと同時に溶融はんだ粉末同士が凝集し、部品電極および基板電極の両方にぬれることで接合が完了する。ソルダペーストに混錬するはんだ粉末は球形のものや不定形のものがあるが、粉末製造時に酸化しにくく、流動特性も安定している球形はんだ粉が使用されることが多い。また、ペースト中のはんだ粉末の混合比は一般に約 85～92 mass % で、その粒径はおおよそ 20～30 μm の粉末が用いられることが多い。部品の小型化、実装の高密

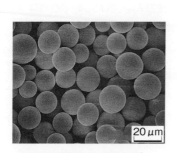

(a)　球状はんだ粉末[4.4]

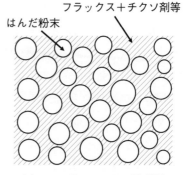

はんだ粉末

フラックス＋チクソ剤等

(b)　ソルダペーストの模式図

（出典：社団法人日本溶接協会　マイクロソルダリング教育委員会編、標準マイクロソルダリング技術、第3版、日刊工業新聞社、p.75）

図4.4　はんだ粉末とソルダペースト

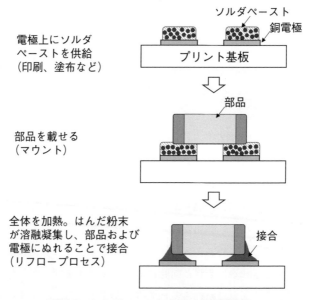

電極上にソルダペーストを供給（印刷、塗布など）

ソルダペースト

銅電極

プリント基板

部品を載せる（マウント）

部品

全体を加熱。はんだ粉末が溶融凝集し、部品および電極にぬれることで接合（リフロープロセス）

接合

図4.5　ソルダペーストを用いた表面実装

度化が進むほど小さいはんだ粉末が求められ、10 μm 以下の粒径のはんだ粉末を含有するソルダペーストも開発されている。

　ソルダペーストに求められる主な特性は、

①作業性

②ソルダビリティ（はんだ付け性）

③電極間の絶縁信頼性

である。作業性とはペーストを基板に供給する際の印刷性、塗布性、またチップ部品搭載時の粘着性、ペーストの形状保持性ならびにソルダリング後の洗浄性のことをいう。ソルダビリティの良否の判断材料としては、溶融はんだのぬれ性、欠陥の有無、はんだ粉末の未融合、リフロー時のチップ立ち現象などがあげられる。また、フラックスは基本的には腐食剤であるため、残渣があると基板上の銅やはんだなどの金属が腐食され、電極間の絶縁信頼性に影響することがあるのでフラックス残渣については留意が必要である。

4.1.5　やに入りはんだ

古くから使われているはんだとして、"糸はんだ"と呼ばれるやに入りはんだがある。やに入りはんだはフローソルダリングやリフローソルダリング用ではなく、はんだごてを用いたマニュアルソルダリングやロボットソルダリング用の材料として使用される。**図 4.6**(a)にやに入りはんだの構造を示す。やに入りはんだはワイヤ形状のはんだ合金であり、内部にフラックス（やに）が注入された構造を有している。図 4.6(b)に示すようにワイヤ断面中のやにの分布は種々ある。やに入りはんだのフラックスはソルダペーストのフラックスと異なり、流動性を必要としないので溶媒は不要であり、樹脂（ロジン、合成ロジン）に活性剤を 0.1〜10 mass ％添加したものが一般的である。また、やに入りはんだ中のフラックスの含有量は 2〜5 mass ％であり、はんだの線径は φ0.3〜φ3.0 mm の種類があり、目的に応じて使い分けられる。

やに入りはんだに求められるのは、ぬれ性と飛散抑制特性である。飛散現象の模式図を**図 4.7** に示す。やに入りはんだは主にマニュアルソルダリングで用いられるため、作業効率が重要であり、短時間でソルダリングを完了する必要がある。そのためにこてによる加熱で溶融したはんだが速やかに母材にぬれ広がる特性が求められる。また、やに入りはんだをこてで溶融させると、内部のフラックスが飛び散り、それに伴って溶融はんだも一緒に飛び散ることがある。

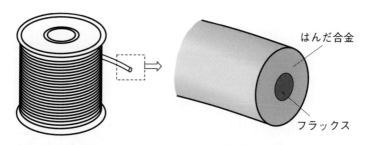

(a)　やに入りはんだの構造

(b)　やに入りはんだの断面

図4.6　やに入りはんだ

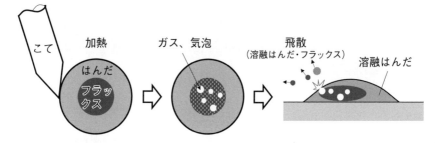

図4.7　やに入りはんだを用いた場合のフラックス飛散

例えば、一般的な Sn–3Ag–0.5Cu（SAC305）はんだを用いたソルダリングの場合、300℃以上に加熱されたはんだこてによってはんだを加熱するが、SAC305の溶融温度が217℃に対して、フラックスの軟化点は60〜100℃と低い温度である。それゆえ、はんだが溶融する以前に内部に封入されたフラックスが膨張し、また揮発ガスを発生することではんだ内部の圧力が上昇する。この状態ではんだが融点に達すると、内圧が一気に解放され、その勢いでフラックスおよび溶融はんだが飛散することになる。はんだの飛散は回路短絡の原因になり、フラックスの飛散は導通不良を引き起こす原因となる。飛散防止のため、やに

入りはんだの長手方向に内圧を逃がすための割溝を入れる方法が適用されることもある。しかし、割溝を入れることで保管時にフラックスの吸湿が起こり、飛散を助長することもあるので注意が必要である[4.4]。

■4.2 ナノ粒子

　物質の粒径がナノメートルサイズになると、比表面積が著しく増加するため、表面エネルギーが極めて大きくなり、焼結温度の低下が生じるといったバルク材料とは異なった特性が表れる[4.5, 4.6]。この低温焼結性を有するナノ粒子を接合材料として利用したのが粉末焼結接合法（ナノ粒子接合法）である[4.7-4.9]。数多くのナノ粒子があるが、接合材料としては銀や銅が利用されている。一般にナノ粒子は表面が活性であるため自己凝集を生じやすいので、ナノ粒子の表面は有機物の保護層で被覆される。**図4.8**に有機物保護層を有する銀ナノ粒子の模式図を示す[4.10]。有機物がコアの銀ナノ粒子と化学的に結合し、ナノ粒子の自己凝集を防止する保護層として機能している。この有機物保護層は、粒子同士の凝集を阻止するだけでなく、接合過程においては自身の熱分解によって生じる炭素や有機物の作用によって被接合材料表面の酸化皮膜を還元する機能を発揮する。このナノ粒子の有機物保護層は接合温度に達するまでに分解し、銀の焼結を阻害することはない。**図4.9**にナノ粒子ペーストを用いた接合プロセスの模式図を示す。ナノ粒子同士が低温で焼結するだけでなく、バルク材料であ

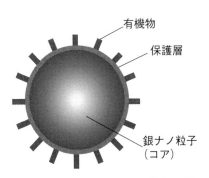

図4.8　有機-銀ナノ粒子の模式図[4.10]

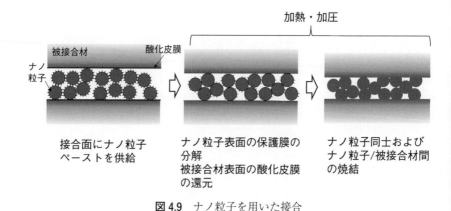

図4.9　ナノ粒子を用いた接合

る被接合材との接合も低温で達成されるため金属同士の接合が可能となる。銀や銅のナノ粒子接合は250～300℃程度の温度で焼結接合が可能であるため、ダイボンド用高温鉛はんだの代替材料として一部用いられる。

■4.3　ボンディングワイヤ

LSIなどの半導体素子が数10 μm程度の極細線によって基板に接続され、全体を樹脂封止された実装構造を**図4.10**に示す。この半導体素子と外部端子の間の接続にはワイヤボンディングが用いられている。第1章で述べたように、ワイヤボンディングの工程は、

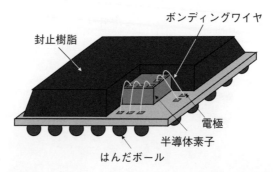

図4.10　ボンディングワイヤを含んだ半導体集積回路

①アーク放電によってワイヤ先端にボール形成

②半導体上の電極にボール接合（ファースト接合）

③半導体上から外部端子へワイヤループ形成（ルーピング）

④外部端子へのワイヤ接合（セカンド接合）

⑤ワイヤの切断

という一連の操作を繰り返す。接合方式は熱圧着法、超音波併用熱圧着法、超音波接合の3方式があり、なかでも低加圧力、短時間で接合可能な超音波併用熱圧着法が主流である。接合機構はボールの変形に伴う新生面露出と拡散による固相接合であるため、接合面となるワイヤ先端のボール表面は酸化されにくく、かつ変形能に優れた材料が適している。このほか、ワイヤに求められるのは、アーク放電によって形成するボールの真球性・対称性、ミリ秒単位の短時間で接合が達成するように元素が相互拡散すること、高速で安定した曲げ変形と直進性を両立する均質なワイヤ集合組織、高温・高湿度の使用環境での長期信頼性などが量産レベルで求められる[4.11]。このような要求にこたえるために、一般的には線径15〜30 μm 程度の Au 極細線が用いられている。Au ボールと Al 電極の接合の場合には、接合界面全面に薄く Au-Al 金属間化合物が形成されることで信頼度の高い接合が得られる。Au ワイヤはワイヤボンディングにとって扱いやすい材料であるが、価格が高く、価格変動しやすいことが短所である。また、界面に生成する Au-Al 金属間化合物は高温環境下において成長が速く、接合部の信頼性が低下することも課題である。

　一方で、低コスト化のために Cu ワイヤの開発も進められている。Au ワイヤと比較した Cu ワイヤの長所と短所を**表4.4**に示す。材料としての課題はボール形成時の酸化問題である。**図4.11**は純度 99.9 mass ％の Cu ワイヤ先端に各種雰囲気下でアーク放電を行って形成したボールの外観を示している[4.12]。不活性ガス雰囲気中でも酸素がある程度含まれるとボール表面にしわやセル状組織が現れ、真球が得られない。表面が滑らかで真球に近いボール形成のためには不活性ガスに水素ガスを混合した還元雰囲気が必要である。また、Cu は Au と比較すると硬いため、接合に必要な変形を加えるのにより大きな荷重が必要である。よって、チップを破損せずに良好な接合を得るためのプロセスウィンド

表 4.4　Au ワイヤと比較した Cu ワイヤの長所と短所

Cu ワイヤの長所	Cu ワイヤの短所
・材料費が安い、価格変動が小さい ・Cu-Au 金属間化合物の成長速度が比較的遅い ・銅リードフレームへ同種金属接合が可能 ・導電率、熱伝導率が大きいので、より大きな電流が流せる （ワイヤ径を細くできる）	・酸化しやすいため接合性のよい Cu ボール形成が困難 ・金より硬いため、ワイヤボンディング時にアルミニウム電極下のシリコンにクラックを発生させやすい （ワイヤボンディング性が悪い）

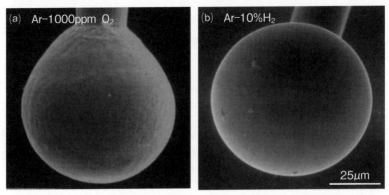

（出典：渥美幸一郎、安藤鉄男、大阪大学大学院工学研究科博士学位論文、2013、64.）

図 4.11　Cu ワイヤ先端のボール形成

ウが狭い。最近では、ボール形成能、耐酸化性、接合性に優れた Pd などの被覆 Cu ワイヤも開発されている[4.13]。

■4.4　接着剤

　エレクトロニクス実装に用いられる接着剤は、アンダーフィルや封止材としての非導電性接着剤と端子接合やダイボンドなどに用いられる導電性接着剤の2つにおおよそ分類できる。

4.4.1 非導電性接着剤

　電子機器が屋内、屋外、車内などあらゆる環境下で使用され、小型化、薄型化が進むのに伴い内部の接合部も微小化、狭ピッチ化している。そのような中、接続信頼性を高めるために封止材料が用いられるようになった。半導体の封止においては液状の封止材の需要が増えている。液状封止材は基本的には熱硬化性樹脂を用い、エポキシ樹脂系が主流である。**図 4.12** はフリップチップ実装におけるアンダーフィル材の供給プロセスを示したものである。IC チップと基板との狭間隙に液状のアンダーフィル材を供給する。アンダーフィル材は毛細管現象によって間隙に浸透する。供給後、加熱することで樹脂が硬化し、封止が完了する。アンダーフィル材に求められる特性は硬化前と硬化後でそれぞれ異なるので、要求される性能を硬化前、硬化後にわけて**表 4.5** に示す[4.14)]。硬化前は毛細管現象が十分に作用するように低粘度かつチクソトロピー性が弱いことが求められる。チクソトロピー性とは、せん断応力を受け続けると粘度が低下し、また静止しておくと粘度が回復する性質のことをいう。このほかに消泡性や接着界面とのぬれ性が求められる。一方、硬化後には、高接着力や高靭性

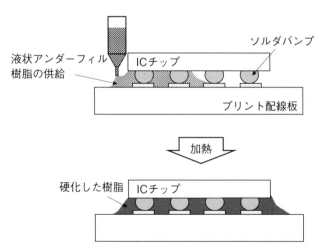

図 4.12 キャピラリーフロー型のフリップチップ実装における
　　　　　アンダーフィルプロセス

表 4.5 アンダーフィル材に求められる性能[4.14]

	要求性能	
硬化前	低粘度	毛細管現象を利用して狭ギャップに浸透させるため。
	弱いチクソトロピー性	同上。チクソトロピー性が強いと生産性が低下。
	消泡性	気泡が残留すると応力集中箇所となり、耐衝撃性が低下。
	良好なぬれ性	被接合体の密着性を得るため。

	要求性能	
硬化後	高接着力	基板から剥離すると、他の部品の断線の原因にもなる。フィラーの存在も接着力低下の一因。
	強靱性	靱性が低いと、フィレット部からき裂が入りやすい。
	低熱膨張率	チップの $\alpha=2.6$ ppm/K、FR-4基板の $\alpha=14{-}15$ ppm/K。ソルダバンプへの熱応力低減のため、アンダーフィル全体で応力を吸収。
	高 Tg	Tg をしきい値として物性が大きく変化。使用温度よりも高い Tg のものが望ましい。
	適度な柔軟性（低弾性）	チップ薄化に伴い、剛性が低下。アンダーフィル材の貯蔵弾性率は 0.1-5 GPa あたりで調整されることが多い。
	絶縁性	塩素量が多い低純度エポキシ樹脂では耐湿性試験において配線腐食不良を生じる。

などの優れた機械的特性が求められる。ただし、近年はチップの薄化に伴い、アンダーフィル材には高強度だけではなく、適度な柔軟性も求められるようになってきている。このほか重要な物性は線膨張係数である。Si チップおよび FR-4基板の線膨張係数は、それぞれ 2.6×10^{-6}/K、$14 \sim 15 \times 10^{-6}$/K である。第2章で述べたように被接合材の線膨張係数に差がある異材接合体に温度変化を付与すると熱応力が発生する。そこで IC チップ／基板間に生じる熱応力を緩和するために樹脂中にシリカ粉末などの充填材を混合し、はんだに近い線膨張係数まで減少させたものをアンダーフィル材として用いている。ただし、シリカ粉末の混合は接着力低下の原因ともなる。また、塩素量が多い低純度エポキシ樹脂を使用した場合は、吸湿すると配線腐食不良が生じやすくなるため、高純度エポキシ樹脂の使用が望まれる。

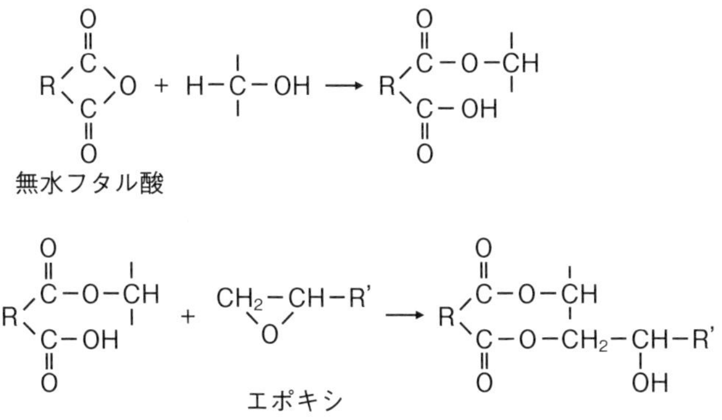

無水フタル酸

エポキシ

図 4.13 エポキシ樹脂と無水フタル酸の反応

　以上の要求性能を満たすようにアンダーフィル材は熱硬化性樹脂、硬化剤、充填剤、添加剤で構成される。一般に熱硬化性樹脂にはビスフェノール A 型あるいは F 型エポキシ樹脂が用いられる。このほか、ナフタレン型エポキシ樹脂、ジシクロペンタジエン型エポキシ樹脂、エピスルフィド樹脂などがある。また、硬化剤としては、酸無水物系、アミン系、フェノール系の 3 種類に分類される。一例として酸無水物系硬化剤を用いた場合のエポキシ樹脂の硬化化学反応式を**図 4.13** に示す。無水フタル酸がヒドロキシル基と反応しカルボキシル基が生成する。カルボキシル基がエポキシ環を開環させ、ジエステル体を生成する。ジエステル中のヒドロキシル基が無水フタル酸と反応することでこの一連の硬化反応が進行する。

4.4.2　導電性接着剤

　導電性高分子といえば化学ドープされたポリアセチレン薄膜が有名であるが[4.15]、エレクトロニクス実装に用いられる導電性接着剤（Conductive Adhesion）とは異なる。前者は金属粒子を含まず、高分子自体の導電性を利用している。一方、導電性接着剤は用途によって種々の形態があるものの、おおむねバインダ樹脂に金属粒子（導電性フィラー）を混合・分散することで導電性を付与している。導電性接着剤の分類を**表 4.6** に示す。導電性接着剤は機能的に等方性と異方性の大きく 2 つに分類できる。この機能性の違いは導電性フ

表 4.6　導電性接着剤の分類

	形　態	バインダ樹脂	導電相	導電相の体積含有率
等方導電性接着剤	ペースト状（ICP）シート状（ICF）インク状	エポキシ系シリコーン系アクリル系ウレタン系など	Ag、Ni、Cu、Al、Auなど	60-70 vol %
異方導電性接着剤	ペースト状（ACP）シート状（ACF）	エポキシ系アクリル系ポリビニルブチラールSBS など	Ni、はんだ、Au/Ni 被覆樹脂ボールなど	数 vol %

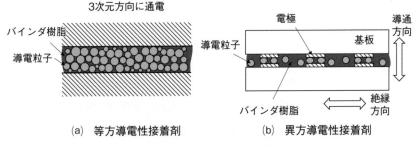

(a)　等方導電性接着剤　　　　(b)　異方導電性接着剤

図 4.14　等方および異方導電性接着剤

ィラーの含有率が大きく関係している。等方および異方導電性接着剤の模式図を**図 4.14** に示す。

　等方導電性接着剤は基本的に導電フィラー（金属粒子）が最密充填に近い体積含有率（60-70 vol %）で混合されている。バインダー樹脂の硬化収縮によって導電フィラー同士の接触が維持されることで導電性を発現しており、フィラーの充填率が大きいため電気は等方的に流れる。導電性は金属粒子同士の接触によって確保されるため、粒子間の接触抵抗が小さいことが求められる。それゆえ、導電フィラーとしては大気中でも表面が酸化しにくい Ag 粉が主に用いられる。バインダー樹脂としてはエポキシ樹脂が一般的であり、要求特性や使用箇所に応じてウレタン、シリコーン、ポリイミド樹脂などの熱硬化性樹脂やそのほかの熱可塑性樹脂が用いられる。等方導電性接着剤はビアホール充填用

やダイボンディング用にはんだの代替材料としても導入されている。

　異方導電性接着剤はフィルムタイプの異方導電性フィルム（ACF：Anisotropic Conductive Film）と電極に印刷可能なペーストタイプの異方導電ペースト（ACP：Anisotropic Conductive Paste）がある。接着作業は加熱と加圧によってバインダー樹脂を押し広げ、導電フィラー（粒径：数μm程度）を電極に接触させる。加熱過程は150℃程度で数十秒保持と作業効率も高い。加熱の代わりに紫外線で硬化させるものもある。フィラーの体積含有率は数vol％程度であるため、相対する電極間には安定した通電性を示すが、隣接する電極間は導電性を有しない。ACFはノートパソコンの液相ディスプレイのドライバの20μm以下の配線ピッチにも適用されている。

　はんだ代替材料として考えた場合の導電性接着剤の課題としては、

①低熱伝導率

②高電気抵抗率

③高温安定性

④高湿安定性

⑤イオンマイグレーション

があげられる。**表4.7**に一般的なSn-Ag-Cu（SAC）はんだ材料とAgペーストの比較を示す。Agペーストの電気抵抗率は含有率やフィラー形状などによって異なるがはんだと比べると1～2桁高く、熱伝導率は1桁小さい。これは上述のように導電性接着剤の導電性は金属粒子同士の接触抵抗を多く含むためである。③と④に関しては、樹脂と接着する相手材との相性の悪さに起因する。部品の電極にははんだのぬれ性を考慮し、Snめっきが施されている場合が多い。

表4.7　等方導電性接着剤とソルダの物性比較

	等方導電性ペースト（Agフィラー）※	SACはんだ	Ag
熱伝導率（W/mK）	3～5	55	429
電気抵抗率（Ωm）	10^{-5}～10^{-7}	1.1×10^{-7}	1.59×10^{-8}

※ペーストの配合内容によって異なる。

Ag-エポキシ系接着剤/Sn めっき接着界面においては、150℃程度の高温で保持すると接着界面近傍の Sn が導電性接着剤中の Ag 粒子内へ一方向拡散する。それによって Sn めっき中に大きなボイドが形成し、接着強度が低下する。また、高湿環境においては、Sn と Ag が接触する箇所においてガルバニック腐食が生じる。その結果、Sn めっき表面には SnO や SnO_2 の酸化膜が形成され、酸化膜と Sn めっき界面にボイドなどの欠陥が形成する。イオンマイグレーションについては、バルク Ag ほどの懸念はないものの、Ag 系の導電性接着剤においてはイオンマイグレーションも念頭に使用環境に留意が必要である。

■4.5　電極材料

　電子部品には信号の入力と出力のために端子電極があり、プリント配線板の電極と接続（接合）されることで回路機能を発現する。**図 4.15** は素子タイプの挿入部品および表面実装用のチップ部品とパッケージ部品の例を示したものである。挿入部品のリードには銅系や鉄系合金材料が多く用いられており、パッケージ部品のリードには C194 銅合金や Fe-42 mass % Ni 合金（42 合金）が用いられることが多い。C194 合金は Cu-2.3 mass % Fe 合金に微量の Zn、P を添

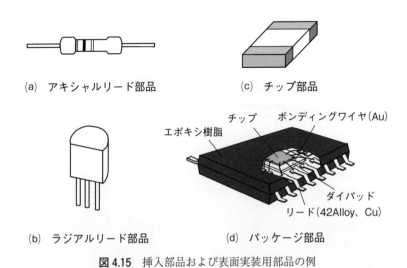

(a)　アキシャルリード部品　　　　(c)　チップ部品

(b)　ラジアルリード部品　　　　(d)　パッケージ部品

図 4.15　挿入部品および表面実装用部品の例

表4.8 リード材料の物性

	Fe–42 mass % Ni (42合金)	C194 合金
密度 （g/cm³）	8.15	8.91
縦弾性係数 （GPa）	145	121
電気抵抗率 （Ωm）	5.5×10^{-7}	2.54×10^{-8}
熱伝導率 （W/mK）	14.7	262
線膨張係数 （$\times 10^{-6}$/K）	4.2	17.4

加したものである。**表4.8**にこれらの合金の物性を示す。42合金は強度が高く、耐変形性に優れており、また線膨張係数が小さいためパッケージとの相性がよい材料である。一方、C194合金は電気抵抗率が小さく、耐応力腐食割れ性に優れる。どちらの材料もめっき性に優れた材料である。表面実装用チップ部品の多くは角型をしており、電極端子は直方体の下部端部と側面にある。内部電極は焼結したNiで、外部との接続部には焼結したCuが用いられることが多い。これらの材料ははんだとのぬれ性向上やはんだとの反応による銅食われなどを軽減するためSn、Sn–Bi、Ni、Pd、Au（Au/Ni）などのめっきを施して使われる。

■4.6 表面処理（めっき）

4.6.1 めっき方法

電極や配線材料は銅および銅合金がほとんどであり、銅は保存期間中や実装時の高温において表面が酸化するため、はんだのぬれ性が劣化し接合不良の原因となる。また、銅は溶融はんだ中に溶解し、溶融はんだと反応することで銅が食われる現象が生じる。そのため、電極や配線材料にはめっき処理が施されることが多い。銅以外の材料についても同様に接合性の向上や電極食われの軽減などを目的として、電極や配線材料には種々の表面処理が施される。

めっきの方法としては、電気めっき、無電解めっき（化学めっき）、溶融めっ

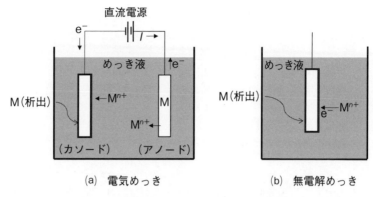

図4.16　電気めっきと無電解めっきの模式図

き、気相めっきがある。ここでは主に電気めっきと無電解めっきについて説明する。

　図4.16は電気めっきと無電解めっきの模式図を示したものである。電気めっきは、水溶液に被めっき物を負極（カソード）として浸漬し、直流電流を通電することでカソード電極の表面にめっきを析出させる方法である。この時カソード側と正極（アノード）側で生じる反応は次式で表される。

$$（カソード）M^{n+} + ne^- \;\; \rightarrow M$$

$$（アノード）M \rightarrow \;\; M^{n+} + ne^-$$

　このようにアノード電極はめっき源として溶解する。ただし、溶解しない電極を用いる工法もあり、その場合はめっき源を含むめっき液を使用する。代表的な電気めっきとしては、銅めっき、ニッケルめっき、クロムめっき、亜鉛めっき、すずめっきなどがある。また、すず‐鉛合金めっき、すず‐ニッケル合金めっき、すず‐銀合金めっき、黄銅めっきなどの合金をめっきすることもできる。

　一方、無電解めっきはその析出反応のタイプによって置換タイプ、還元タイプに分類できるが、基本的にはめっき液中の金属塩を還元反応によって被めっき物の表面に析出させる方法であり、通電が不要である。Sn、Ni、Cu、Au、Ag、Coなど多くの金属の無電解めっきが可能である。

　一例として銅表面上への酸性置換タイプの無電解すずめっきの析出反応式を

以下に示す。反応1でCuは硫黄系錯化剤と錯体となり電子を放出する。放出された電子をSnイオンが受け取りSnが析出する（反応2）。

$$反応1：2Cu + S^{2-} \quad \rightarrow \quad Cu_2S + 2e^-$$

$$反応2：Sn^{2+} + 2e^- \quad \rightarrow \quad Sn$$

Snは本来Cuに対して卑な金属であり、Cu表面上に置換によるSn皮膜は析出しない。しかし、チオ尿素化合物等の硫黄系錯化剤の存在下においてはCuの酸化還元電位がSnより低くなり、SnがCuに対して貴な金属となることでCu表面上にSn皮膜が析出する[4.16]。

めっきは単層の場合もあるが被めっき材とめっき皮膜の密着性を向上させるための目的で下地にストライクめっきと呼ばれる薄いめっきを施すことがある。電位が貴な金属を電位が卑な基板に直接めっきする場合、還元反応で電気めっき皮膜が形成する前に貴な金属が置換析出してしまい、良好な密着性が得られない場合がある。このような置換反応を避けるために、1 µm厚以下の薄いめっきを予備的に施し、めっき膜の密着性を向上させている。このほかにもめっき膜と基板間の元素相互拡散を抑制する拡散障壁として下地めっきを施すこともある。一方、めっき膜の外観を改善したり、酸化を抑制する目的でめっき膜の上に短時間で薄く別のめっきを施すことをフラッシュめっきと呼ぶ。電子部品の電極には金のフラッシュめっきが施されることが多く、その厚さは約0.03 µm以下である。

4.6.2 めっきの種類

実装部品の電極に施されているめっきは目的によりいくつかの種類がある。以下にめっきの種類とその特徴を述べる。

① Snめっき

はんだはSn基のものが多いため、ソルダビリティに優れるように電極にはSnめっきやSn系はんだめっきが用いられることが多い。従来はPb-Snめっきが多用されていたが、はんだの鉛フリー化に伴ってSnやSn-Bi合金めっき、Sn-Cu合金めっき、Sn-Ag合金めっきなどの鉛フリーはんだめっきで代替され

ている。目的や部品に応じて電気Snめっきと置換Snめっきが使い分けられている。Snめっきの問題は、使用時にめっき膜からウィスカと呼ばれる針状結晶が成長することである[4.17]。ウィスカが成長すると回路間が短絡するなど故障の原因となるので、めっき後に熱処理をするなどウィスカ成長を抑制する対策が取られている。また、ソルダリング実装時のチップ部品の銅電極がはんだに浸食されるのを防止するために下地にNiめっきを施すことがある。

② Ni/Auめっき

ワイヤボンディング部のように被めっき部への給電が可能である場合は電気めっきが用いられることが多い。ワイヤボンディング用には純度の高いAuめっきが0.1～0.5 μm厚さで施される。また、母材のCuがAuめっき表面に拡散することを防ぐために拡散障壁としてNi下地めっきを施す。電気Niめっきにはワット浴と呼ばれるめっき液を用いるのが一般的である。また、Niめっき被膜の内部応力を抑えるためにスルファミン酸浴が用いられることもある。

被めっき部に給電できない場合は無電解Niめっきが用いられる。その際、還元剤として次亜リン酸塩を使用し、Ni-4～9 mass％Pめっきとすることが多い。Niめっきを下地めっきとし、その上にフラッシュめっきと呼ばれる置換Auめっきを行うことが多い。ただし、Auははんだ中のSnと反応し、脆弱な金属間化合物を形成するのでAuめっきは必要以上に厚くせず、上述のように約0.03 μm程度ときわめて薄いのが一般的である。

③ Agめっき

AgめっきはAuめっきと同様に装飾品や食器以外にも、電子部品や機械部品にも用いられている。Agめっきは機械的特性に優れるため、荷重負荷の大きいベアリング中間層めっきとして用いられている[4.18]。また、導電性に優れるためにリードフレーム素材であるCu合金やFe-42mass％Ni（42合金）電極などの被覆に用いられる。Agめっきは経時的に表面に硫化物を作りやすい欠点があるため、Agめっき上に薄いAuやRh（ロジウム）めっきが行われることがある。さらに、Agは他のほとんどの金属よりも貴であるため、基板をめ

っき液に入れると同時に置換が起こり、この上にめっきを続けると密着不良の原因となる。銀ストライクめっきを行う場合は、置換反応を防ぐために通電しながらめっき液に浸漬することが望ましい[4.19]。

　そのほか種々のめっきについては、文献[4.17]等多数の図書があるので参照されたい。

【参考文献】

4.1）JIS Z3001-3：溶接用語 第3部：ろう接（2002）

4.2）JIS Z3282：はんだ−化学成分及び形状（2017）

4.3）溶接学会編：溶接・接合便覧，第2版，丸善，（2003）p. 419.

4.4）日本溶接協会マイクロソルダリング教育委員会編：標準マイクロソルダリング技術　第3版，日刊工業新聞社，（2011）

4.5）M. Takagi: J. Phys. Soc. Japan, 9（3）（1954）pp. 359–363.

4.6）J. R. Groza, R. J. Dowing: Nano Structured Materials, 7（7）（1996）pp. 749–768.

4.7）井出英一，安形真治，廣瀬明夫，小林紘二郎：第13回マイクロエレクトロニクスシンポジウム論文集，エレクトロニクス実装学会，（2003）pp. 96–99.

4.8）E. Ide, S. Angata, A. Hirose, K. F. Kobayash,: Acta Materialia, Vol. 53（2005）pp. 2385–2393.

4.9）K. S. Moon, H. Dong, R. Maric, S. Pothukuchi, A. Hunt, Y. Li, C. P. Wong: J. Electron. Mater., Vol. 34（2005）pp. 168–175.

4.10）井出英一，廣瀬明夫，小林紘二郎：材料，54（10）（2005）pp. 999–1004.

4.11）マイクロ接合・実装技術編集委員会：マイクロ接合・実装技術，㈱産業技術サービスセンター，（2012）p. 299.

4.12）渥美幸一郎，大阪大学大学院工学研究科博士学位論文（2013）

4.13）T. Uno, S. Terashima, T. Yamada: Proc. 59th Electronic Components and Technology Conference, ECTC2009（2009）pp. 1486–1495.

4.14）久保山俊史：日本ゴム協会誌，84（10）（2011），pp. 313–320.

4.15）白川英樹：高分子，37（7）（1988）pp. 518–521.

4.16）山村岳司：表面技術，66（10）（2015）pp. 443–446.

4.17）菅沼克昭：表面技術，63（11）（2012）pp. 677–680.

4.18）電気鍍金研究会編：めっき教本，日刊工業新聞社（1997）p. 64.

4.19）逸見英一：金属表面技術 現場パンフレット，13（10）（1966）pp. 2–6.

第5章 エレクトロニクス実装接合部の品質・信頼性

■5.1 ミクロ組織観察および分析手法

　材料の種々の特性はミクロ組織に依存している。特に降伏応力、引張強さ、延性などは構造敏感な性質であり、ミクロ組織の制御が要求される。材料のミクロ組織の観察装置には光学顕微鏡、電子顕微鏡、プローブ顕微鏡などがあり、結晶や第2相および介在物などの大きさ、形状、すべり線、双晶など非常に多くの情報を得ることができる。また表面分析によって元素の分布状態や結合状態および結晶構造などを知ることができ、材料設計や信頼性評価に活用されている。本節では比較的普及している光学顕微鏡、走査型電子顕微鏡および粉末X線回折法について説明する。

5.1.1　ミクロ組織観察

　ミクロ組織を観察するために最も重要なのは試料作りである。観察対象となる材料からの試料の切り出し、埋め込み（試料が小さい場合）、粗研磨、精密研磨、エッチング（腐食）、洗浄の手順を経て顕微鏡観察を行う。鮮明な観察像を得るためには観察面の表面粗さは小さいほどよい。そのため研磨作業は非常に重要なプロセスとなる。機械研磨することで表面に加工変質層を導入してしまうことや、介在物や析出物が脱落してしまうことがあるので細心の注意が求められる。介在物や析出物などの第2相やボイドなどは仕上げ研磨のままで観察可能であるが、一般的には電気的あるいは化学的手法によりミクロ組織を現出させてから観察を行う。このミクロ組織の現出方法をエッチング（腐食）という。研磨方法やエッチング方法は試行錯誤的に発展してきており、観察対象に

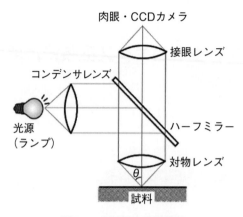

図 5.1　金属用光学顕微鏡

合わせて最適な方法を見つけなければならない。先行文献[5.1, 5.2)]に多くの組織観察用エッチング液や研磨条件が掲載されているので参考にされたい。

① 光学顕微鏡

光学顕微鏡は金属系と生物系に大別でき、材料のミクロ組織観察には金属顕微鏡が用いられる。光学顕微鏡の原理は**図 5.1** に示すように対物レンズと接眼レンズの2つの凸レンズの組み合わせによって試料を拡大観察するものである。生物系と違い金属は透過光を観察することができないため、試料の直上から落射照明し、試料からの反射光をハーフミラーを通して観察および撮影する。光源には高輝度・高色温度（2900〜3200 K）で経時変化の少ないハロゲンランプが用いられるのが一般的である。通常、視野全体が明るく観察できる明視野観察法が用いられる。このほか暗視野観察法、位相差観察法、偏光観察法、微分干渉観察法、蛍光観察法がある。偏光観察は等方体と異方体（複屈折性）を区別でき、複屈折性を有する金属の多結晶体組織を観察するのに適している照明法である。

顕微鏡観察において重要な性能は倍率よりも分解能である。分解能（δ）とは微小に近接している2点を識別できる最少の距離のことをいう。光学顕微鏡の分解能は以下の式で表される。

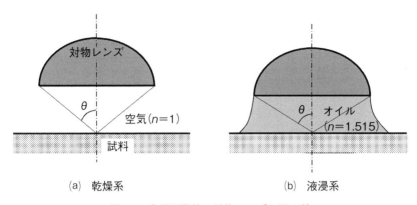

(a) 乾燥系　　　　　　　　　　　　(b) 液浸系

図 5.2 光学顕微鏡の対物レンズの開口数

$$\delta = \frac{k\lambda}{N_A} \qquad (5\text{-}1)$$

λ：使用波長（可視光では 0.4–07 μm）、N_A：開口数、
k：係数（通常 0.61 か 0.5 が用いられる）

　開口数 N_A は対物レンズに入射する光線の中で光軸と最大の角度をなす角（開口角：θ）とその物点を包む物質（媒質）の屈折率（n）を用いて表すことができる値である（**図 5.2**）。

$$N_A = n \sin \theta \qquad (5\text{-}2)$$

　可視光を用いて観察する限り、波長は 0.4 μm 以下にはできないため、分解能を上げるには開口数の大きな対物レンズを使用する必要がある。対物レンズの開口数はレンズに記載されている。また、乾燥系のレンズを用いる場合、媒質は空気であり $n=1$ となる。開口角は $\theta \leqq 70°$ 程度であるので $N_A \leqq 0.95$ となる。液浸系レンズを用いる場合、例えばツェーデルオイルの屈折率は $n=1.515$ であり、開口数は $N_A \leqq 1.4$ 程度となる。$N_A = 1.4$、$\lambda = 0.55$ μm、$k = 0.61$ の時の分解能は $\delta = 0.24$ μm であり、この値は現在の光学顕微鏡が有する能力の限界となる。光学顕微鏡の分解能は対物レンズの開口数で決まるため、単に拡大倍率を上げても分解能を超える微細なものは観察できない。

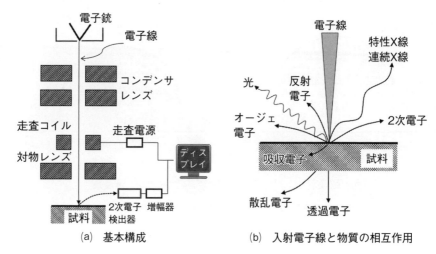

図 5.3　走査型電子顕微鏡

② 走査型電子顕微鏡

走査型電子顕微鏡（Scanning Electron Microscopy：SEM）の基本構成を**図 5.3** に示す。電子レンズを使って微小径に集束した電子ビームを試料に照射し、試料から放出される 2 次電子、反射電子（後方散乱電子）などの信号を使って像を形成する顕微鏡である。通常、発生した 2 次電子を検出器で電気信号に変換し、これを増幅して観察用のディスプレイ上の輝度に変調することで走査画像を得る。2 次電子は表面下数〜10 nm 程度の深さから発生するため、表面状態を観察するのに適している。2 次電子放出量は電子線の照射角度によって異なり、斜めの面と平坦面に明るさのコントラストが生じるため、2 次電子像は試料の凹凸を表すものとなる。また、反射電子は入射電子が試料面で散乱されて電子の進行と反対方向に飛び出してきたものであり、後方散乱電子とも呼ばれる。その放出率は原子番号の増加に伴って増加するため、反射電子像は試料の平均原子番号に依存したコントラストが得られる。つまり、平均原子番号が大きい物質で構成される領域は明るく、逆に原子番号が小さい領域は暗いコントラストとして観察されるので、組成の違いを像のコントラストで判断することができる。

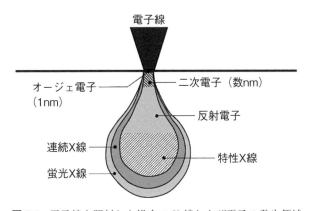

図 5.4　電子線を照射した場合の X 線および電子の発生領域

　また、SEM は光学顕微鏡に比べて深い焦点深度が得られるため、研磨面の
観察だけでなく、破断面のような凹凸のある面の観察にも適している。

5.1.2　表面分析手法

　電子線が試料に照射されると 2 次電子や反射電子以外にも特性 X 線やオージ
ェ電子なども同時に放出される。X 線や各種電子の発生領域は**図 5.4** に示すよ
うにそれぞれ異なる。これらを検出することで材料の微小領域の元素分析をす
ることが可能である。一般的に SEM に付属している元素分析機器はエネルギ
ー分散 X 線分光法（Energy Dispersive X-ray Spectroscopy：EDS）および波
長分散 X 線分光法（Wavelength Dispersive X-ray Spectroscopy：WDS）が多
く、それぞれ放出されるその元素固有の特性 X 線のエネルギーおよび波長を分
光することで元素の定性および定量分析を行うことができる。EDS は簡便に多
元素の同時測定が行えるため広く利用されている。ただし、O 以下の軽元素の
分析感度が低く、定量分析精度が WDS に比べて劣る。WDS は軽元素の分析感
度が高く、定量分析精度も EDS より優れているが、一方で多元素の同時分析に
は不向きである。特性 X 線の発生領域は 2 次電子や反射電子の発生領域よりも
大きく、照射電子の加速電圧、試料の密度に依存しており、照射電子の加速電
圧が大きいほど、また物質の密度が小さいほど X 線の発生領域は大きくなる。

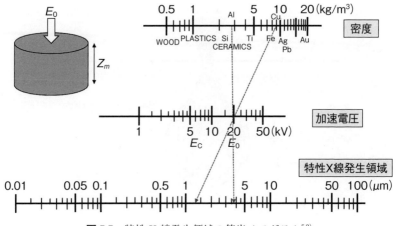

図 5.5　特性 X 線発生領域の算出ノモグラム[5.3]

X 線の発生領域を大まかに見積もることのできる算出ノモグラムを**図 5.5** に示す[5.3]。例えば、Cu および Al を 20 kV の加速電圧で観察する場合、特性 X 線の発生領域はそれぞれ約 1.5 µm および 4 µm と見積もることができる。一方、SEM の 2 次電子像の発生領域は試料表面 10 nm 程度であるため、空間分解能は X 線よりもはるかに優れる。SEM-EDS を用いて微小領域（例えば 1 µm 程度の析出物など）を分析する場合は、対象の微小領域だけを正確に元素分析できないことがあることに注意が必要である。

　オージェ電子を検出して試料表面の組成解析を行う分光法をオージェ電子分光法（Auger Electron Spectroscopy：AES）という。図 5.4 に示すようにオージェ電子の発生領域は試料表面 1 nm 程度であるため、極表面の元素分布や化学結合状態を知るのに有効な手段である。表面に付着したわずかな汚染物や酸化被膜の影響が大きいため、イオンエッチングによってそれらの層を除去することで試料本来の元素を分析する。また、イオンエッチングとスペクトル測定を交互に繰り返すことで試料の深さ方向の元素分布を調べることが可能である。

　電子の照射以外にイオンや X 線を照射することで微小領域を元素分析する X 線光電子分光法や 2 次イオン質量分析法もある。主な微小領域元素分析法を**表 5.1** に示す。分析法によって得られる情報や空間分解能が異なるため、それぞ

表 5.1 主な表面分析法

名称（略号）	照射粒子	検出粒子	原理	得られる情報・特徴	空間分解能
オージェ電子分光法 （AES：Auger Electron Spectroscopy）	電子	オージェ電子	オージェ電子をエネルギー分光する	表面の元素分布 （Li 以上） 組成の定量分析 （精度数%）	径：50 nm 以下 厚：1～2 nm
エネルギー分散 X 線分光法 （EDS：Energy Dispersive X-ray Spectroscopy）	電子	特性 X 線	特性 X 線のエネルギーを Si (Si) 検出器により分光分析する	元素組成の定性分析 定量分析（B～U） 多元素同時分析	～数 µm（バルク） 数 nm（薄膜）
波長分散 X 線分光法 （WDS：Wavelength Dispersive X-ray Spectroscopy）	電子	特性 X 線	特性 X 線の波長を分光する	元素組成の定性分析 定量分析（B～U）	～数 µm
X 線光電子分光法 （XPS：X-ray Photoelectron Spectroscopy）	X 線	光電子	光電子の運動エネルギーを測定する	表面での元素の種類、量、化学状態	厚：数 nm
2 次イオン質量分析法 （SIMS：Secondary Ion Mass Spectroscopy）	イオン	2 次イオン	1 次イオンで表面物質をスパッタイオン化し、質量分析器で分析する	表面での元素組成 （H から U まで） 深さ方向組成分布 標準試料を用いて定量分析が可能	径：1～2 nm 厚：数 nm～
ラザフォード後方散乱分析法 （RBS：Rutherford Back-Scattering Spectroscopy	イオン	後方散乱イオン	散乱されたイオンの運動エネルギーを測定し、成分や層構造を評価する	表面での元素組成 （B から U まで） 深さ方向組成分布 標準試料を用いることなく定量分析が可能	厚：～1 µm

れの特徴と原理を理解した上で、目的に応じて分析法を選択する必要がある。

5.1.3 X 線回折法

　レントゲンによって発見された X 線は、波長が 10^{-12}～10^{-8} m（0.01～100 Å）程度の電磁波である。このうち X 線回折に用いられる波長はおおよそ 0.1～10 Å の範囲である。X 線が物体に照射されると吸収や散乱、蛍光 X 線の放出などの現象が生じる。X 線回折法は物体内での散乱現象を利用しているため、物体

内の結晶情報を得ることが可能となる。つまり結晶物質の同定（定性分析）、結晶物質の定量分析、多結晶試料の集合組織解析、単結晶試料の方位決定、格子定数の精密測定、残留応力測定などが可能となる。

　X線は加熱したフィラメントから放射される熱電子を高電圧で加速し、ターゲットとなる金属に衝突させて発生させる。発生するX線は連続X線と輝線スペクトルである特性X線とがあるが、X線回折の光源には特性X線を使用する。特性X線はターゲット金属に固有の波長を有する。**図5.6** に Cu の X 線スペクトルを、また **表5.2** に各種ターゲットの特性X線の波長を示す。回折X線の測定にはX線ディフラクトメータを用いるのが一般的である。X線回折法におい

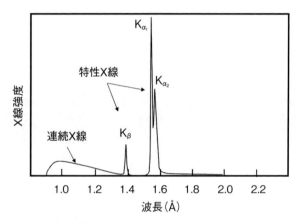

図5.6　Cu の X 線スペクトル

表5.2　ターゲットの特性 X 線波長

ターゲット	K_α（Å）	K_{α_1}（Å）	K_{α_2}（Å）	フィルター
Cr	2.2909	2.28962	2.29351	V
Fe	1.9373	1.93597	1.93991	Mn
Co	1.7902	1.78892	1.79278	Fe
Cu	1.5418	1.54051	1.54433	Ni
Mo	0.7107	0.70926	0.71354	Zr
Ag	0.5598	0.55936	0.56377	Pd

（K_α：K_{α_1}とK_{α_2}の強度によって重みを付けた平均波長）

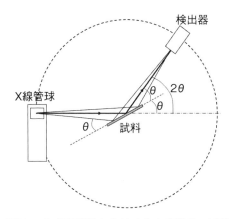

図 5.7　X 線回折法における集中光学系の原理

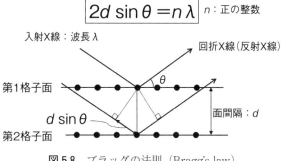

$$2d\sin\theta = n\lambda$$ n：正の整数

図 5.8　ブラッグの法則（Bragg's law）

て最も標準的な集中光学系の原理を**図 5.7** に示す。特性 X 線の中からフィルターによって K_β 線を除去し、K_α 線のみを利用する。K_α は $K_{\alpha 1}$ 線と $K_{\alpha 2}$ 線に分かれているが、相同定などの解析には強度に重みを付けた平均波長として K_α を用いることが多い。X 線管球から放射された X 線は試料において回折し、検出器で測定される。試料台と検出器は同軸で回転し、検出器は試料台の 2 倍の速さで回転するように設定されているため、試料表面（結晶面）に対する X 線の入射角と反射角は常に同じ角度 θ を保つことになる。結晶に入射した X 線は Bragg の条件を満足する時に回折が生じる。**図 5.8** にある結晶面に X 線が入射した場合の模式図を示す。この時、平行に並んでいる 2 つの結晶面（面間隔 d）に対する入射角と反射角を θ とする時、光路差 $2d\sin\theta$ が波長 λ の整数倍 $n\lambda$

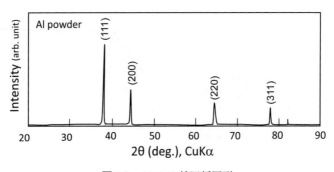

図 5.9　Al の X 線回折図形

に等しい時に 2 つの結晶面からの散乱波の位相がそろって回折が生じる。すなわち次の式が成立するときに回折が生じ、これを Bragg の法則という。

$$n\lambda = 2d \sin \theta \qquad (5\text{--}3)$$

　検出器に入った回折 X 線の強度を横軸 2θ に対してプロットすることで回折図形が得られる。**図 5.9** は Al の X 線回折パターンを示したものである。得られた回折線のピーク角度を求めることで各回折線の面間隔を求めることができる。また各回折線の強度を求め、最強強度を持つ回折ピークに対する相対強度を求める。これが物質同定の基本データとなる。面間隔と回折線相対強度の組み合わせは、物質固有のものであり 5000 種以上の物質について測定された標準データが JCPDS–ICDD（Joint Committee on Powder Diffraction Standard – International Center for Diffraction Data）によって通称 PDF（Powder Diffraction File）データベース（あるいは JCPDS カード）としてデータベース化されている。最近の X 線回折装置は PDF データファイルをコンピュータ内に装備しており、測定データとデータベースを照合することで物質同定できるようになっている。JCPDS カード[5.4)]の例を**図 5.10** に示す。カードには観測される回折線のうち最も強い 3 本の回折線の面間隔、各面間隔と最強ピークを 100 として規格化した相対強度 I/I_1 値、回折実験条件、結晶系の情報、カードデータの信頼性などが記載されている。最も単純な結晶構造である立方系の結晶面（hkl）の面間隔（d）の計算式を式(5-4)に示す。格子定数（a）から各結

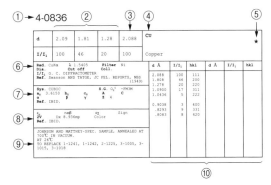

データの信頼性（クオリティマーク）

★	信頼性が高いデータ
i	指数付けなどはされているが★よりは信頼性が劣るデータ
o	精度が低い/不純物が混在などのデータ
C	単結晶の解析結果を利用して計算によって求めたデータ
	iでもoの基準に沿わないデータ
R	リートベルト法で得られたデータ

①ファイルNo.、②3強線の面間隔と強度、③最小回折角の面間隔、
④化学式と物質名、⑤データの信頼性（クオリティマーク）、
⑥回折実験条件、⑦結晶データ、⑧光学およびその他のデータ、
⑨試料データ、⑩回折パターンのデータ

図 5.10　JCPDS カードの記載例[5.4]

表 5.3　粉末 X 線回折法によって得られる結晶情報

回折線	結晶情報
ピーク位置と強度	相の同定
ピーク位置のシフト量	残留応力、固溶体の分析
幅	結晶子サイズ、格子ひずみ
積分強度比	定量分析
積分強度とハローの強度比	結晶化度
有無と強度の強弱	集合組織・繊維組織、結晶の配向度

晶面の面間隔を求めることができる。

$$\frac{1}{d^2} = \frac{h^2 + k^2 + l^2}{a^2} \tag{5-4}$$

　回折図形は結晶内の原子配列を反映しているので、ピークの検出強度、位置、幅およびそれらの標準試料からのずれ量など**表 5.3** に示すような情報を得ることができる。ただし、X 線回折法は X 線侵入深さに限界があり、得られる情報は材料表面に限られる。集中法における X 線の侵入深さ t は試料が無限に厚いとした時の回折線強度に対する強度比 R_x を仮定することで、式(5-5)で求めら

れる[5.5]。

$$t = \frac{-\ln(1 - R_x)}{2\mu} \cdot \sin \theta \qquad (5\text{--}5)$$

t：R_x を仮定することによって決まる深さ

R_x：試料が無限厚の場合の回折線強度に対する強度比

　　（通常 0.9～0.99 と仮定）

μ：線吸収係数（質量吸収係数 μ/ρ に、試料密度 ρ を乗じて求める）

　無機物質では集中光学法による侵入深さはおおよそ数 100 nm から数 10 μm の範囲である。また、式(5-5)からわかるように集中法を用いた場合は、2θ とともに X 線侵入深さが変わる。そのため表面層と下地との情報の区別には注意が必要である。この問題を解決するには平行ビーム法による薄膜測定を行う必要がある。X 線回折法の詳細に関しては先行文献[5.6, 5.7]を参照されたい。

■5.2　信頼性因子

5.2.1　素因と誘因

　信頼性とは、製品が与えられた条件下において、目標とする期間内で機能を維持することができる性質である。一般に、製品の寿命は**図 5.11** に示すバスタブ曲線に従う。バスタブ曲線は図のように 3 つの期間に大別される。第 1 の期間である初期故障期間は、部品の設計ミス、製造ミスあるいは材料の不良などによって起こる。第 2 の期間である偶発故障期間は、製品本来の故障率を示す期間で、設計や製造では予期し得なかった故障が偶発的に起こる。最後の期間である摩耗故障期間は製品寿命に相当し、製品の劣化・摩耗などにより故障が発生する期間である。エレクトロニクス実装のマイクロ接合部においては、機能故障モードは主として断線と短絡の 2 種類となる。そのため、マイクロ接合部の信頼性とは、製品設計寿命に相当する期間中に断線および短絡の故障が起きないようにすることとなる。

　製品の信頼性にとって重要なことは、信頼性設計された設計寿命内で市場に

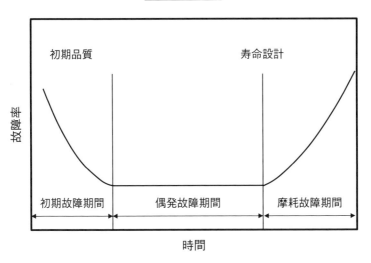

図 5.11　バスタブ曲線

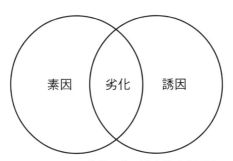

素因：顕在的不良、潜在的劣化要因
誘因：外部環境条件
劣化：接続不良、製品故障

図 5.12　劣化発生の要因

おいて製品に故障が生じないことである。そのため、初期不良を製品出荷前に
すべて取り除くこと、設計寿命が摩耗故障期間前になるように信頼性設計がな
されることが重要となる。一般に、電子部品の実装では、1枚のプリント配線
板には数千点から数万点もの接合部が存在し、それらの1か所でも故障を起こ
してはならない。そのため、製品が稼働中にどのように劣化して故障が発生し
寿命に至るかを解析することが極めて重要となる。

図 5.12 に劣化発生の要因を示す。劣化は、その原因となる素因が内在し、これにストレスである誘因が作用することで起こる。素因や誘因が独立に存在しても劣化は生じず、図のように互いに重曹した箇所で劣化は発生する。電子部品のマイクロ接合部においては、素因は残留応力、内部応力、イオン化物質、金属間化合物などであり、誘因は温度、湿度、電圧、熱応力、衝撃、振動などになる。

5.2.2　信頼性試験（加速試験）

信頼性の確保の目的は、

①製品が目標寿命を満足すること

②不良・破壊が市場で起こらないこと

である。不確定要素を除去して製品の品質を向上させ、信頼性を確保するための手順を次に示す。

(1)　信頼性設計

①実稼働でのストレスの推定（種類、大きさ、頻度）

②材料、構造、プロセスの信頼性評価・寿命設計

③不確定要素に対する安全率

製品（マイクロ接合部）に掛かるストレスの種類や大きさ、発生頻度などを調査・推定し、材料、構造、プロセスの信頼性の評価と設計を行う。この際、不確定要素を考慮し、寿命には製品に応じた安全率を考慮する。

(2)　模擬試験評価

①信頼性設計の確認（特に不確定要素がほかにないか）

②限界試験によるウィークポイントの把握と製品全体の信頼性向上

信頼性設計の確認や予測困難な弱点を把握するために、試作品やテスト基板などを用いて、各種の信頼性試験および加速試験などを実施する。この時、弱点の把握には要求仕様を満足するだけではなく、破壊するまで試験を行うことが安全率およびプロセスウインドウの確認のために極めて重要である。

(3)　品質検査・製品検査

①材料部品の受け入れ検査

②工程管理

③エージング試験検査（スクリーニング）

　実際の製品の生産時には、製品品質を安定化させるために、部品や材料の受け入れ検査や工程管理が重要である。さらに、初期不良を除去するために、エージング試験などを行う場合もある。これは、製品ばらつきを最終段で抑えるために、定格かそれを若干超える程度のストレスを印加して不良品を除去する試験であり、スクリーニングテストとも呼ばれる。

（4）　実稼働加速検査

①加速実稼働モニタによる不良の監視

②早期発見による市場不良の事前対策

　(1)～(3)の設計、評価および検査を行っても、市場での予期し得ない破壊が懸念される厳しい環境に対しては、実稼動モニタにより不良を監視して、早期発見により市場不良の事前対策をとることが重要となる。定期的な市場製品の回収および調査により余寿命を推定し、重大事故を未然に防ぐ体制が重要である。

　電子機器の実使用条件を評価試験で再現するには膨大な時間と費用を費やすため現実的ではない。そのため、一般的には、長時間の信頼性を確認保証するために、実使用環境よりもストレス条件を厳しくして寿命を短時間で把握する加速試験が実施される。**図5.13** に加速試験のイメージ図を示す。加速試験は、物理・化学的に意味の明瞭な加速式を用いて、加速するための何倍かのストレスを加えて、目標寿命に対する加速目標寿命を確認するものである。図5.13 において、実使用環境において製品に働くストレスが0.2のものに対し、厳しいストレス条件としてストレス3の負荷をかけて加速試験を行い、1ヶ月に相当するリイクル数で壊れた場合を考える。その場合、加速式より実使用環境におけるストレス下では5年の寿命があることがわかる。このように、加速試験では、市場での寿命を数週間から数ヶ月程度で確認できる。しかし、試験期間を短縮するあまり過度のストレスを負荷すると、市場とは異なった破壊モードになることがあるため注意しなければならない。試験条件および試験期間は、破壊モードとの関係を十分考慮したバランスの取れた条件を選択しなければならない。さらに、図5.13のような加速式は同じ破壊モードに対して数式化すべき

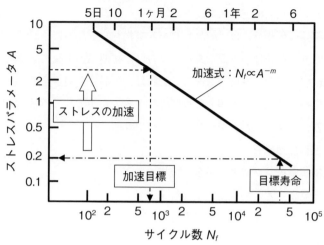

図 5.13　加速試験

であり、複数の破壊モードが混在した状態のデータを用いて統計処理のみで数
式化することは避けるべきである。

　エレクトロニクス実装製品の加速試験は、主として断線および短絡を見るも
のであり、次のようなものがある。

　①熱サイクル（Thermal Cycle：TC）試験

　②高温高湿バイアス（Thermal Humidity Bias：THB）試験

　③プレッシャークッカーバイアス試験（Pressure Cooker Bias Test：PCBT）

　④不飽和プレッシャークッカー試験（Highly Accelerated temperature and
　　humidity Stress Test：HAST）

　⑤高温放置試験

　熱サイクル（TC）試験は、主に電子機器の電源 ON/OFF 時にマイクロ接合
部に負荷される熱サイクルを想定して実施され、熱サイクルによる接合部の熱
疲労寿命を評価する。**表 5.4** に各種エレクトロニクス製品が曝される熱サイク
ル条件および要求寿命を示す[5.8)]。実使用環境における熱サイクル条件を考慮し
て加速試験が実施され、信頼性が評価される。

表5.4 各種エレクトロニクス製品が曝される熱サイクル条件と要求される製品寿命[5.8)]

製品の種類	最低温度 (℃)	最高温度 (℃)	1日の稼働 時間	1年の稼働 回数	要求寿命 (年)
一般家電製品	0	60	12	365	2～10
デスクトップPC	0	70	8	365	～5
ノートPC	−40	85	8	1000	2～5
携帯電話	−40	85	12	365	2～5
デジタルカメラ	−40	85	1	365	2～5
ジャンボジェット	−55	95	2	3000	～10
自動車（車内）	−55	80	12	100	～10
自動車（エンジンルーム）	−55	150	1	300	～10

（出典：菅沼克昭、鉛フリーはんだ付け入門、(2013)、大阪大学出版会）

　高温高湿バイアス（THB）試験は、高温高湿環境下で電子回路に通電しながら試験を実施し、電極間の絶縁抵抗を測定する。通電条件は、評価対象の電子機器の使用条件と同一とする場合が多く、腐食あるいはマイグレーションによる劣化を調査する。

　プレッシャークッカーバイアス試験（PCBT）は、THB試験を飽和水蒸気の加圧下で実施するものであり、腐食あるいはマイグレーションによる劣化を評価する。圧力負荷により劣化時間は急速に速くなり、迅速な評価が可能となる（通常、THB試験では500～1000h程度で、PCBTでは数百時間程度で劣化することが多い）。しかし、両試験から得られる寿命値の相関関係が明らかになっておらず、故障モードが同一にならない場合もある。そのため、より実使用環境下に近い条件となるTHB試験が最終的な信頼性評価では実施されることが多い。また、近年、不飽和加圧水蒸気を用いるHASTも実施されるようになってきており、THおよびTHB試験の短縮化が期待されている[5.9)]。

　高温放置試験は、接合部を高温に一定時間保持して接合部の耐熱特性を評価する。接合部における過度の金属間化合物成長やそれに伴うボイドの発生などによる接合部の劣化を評価するのに有効である。

表 5.5　はんだ接合部における信頼性因子と評価式[5.10]

信頼性因子		評　価　式
熱機械的信頼性	静的破壊	$\sigma=E\varepsilon^n$ σ：応力、E：縦弾性係数、ε：ひずみ、n：加工硬化係数
	熱疲労破壊	コフィン・マンソンの修正式 $$N_f=C \cdot f^m(\Delta\varepsilon_p)^{-n}\exp\left(\frac{Q}{RT_{max}}\right)$$ N_f：熱疲労寿命、C：材料定数、f：繰り返し周波数、 $\Delta\varepsilon_p$：塑性ひずみ振幅、m、n：指数、 Q：活性化エネルギー、R：ガス定数、 T_{max}：最高使用温度（K）
	クリープ破壊	ランソン・ミラーの式 $$T(\ln t_R+A)=B-C\tau_C$$ T：使用温度、t_R：破断までの時間、A、B、C：材料定数、τ_C：クリープ強度 $$\dot{\varepsilon}=B\cdot\left(\frac{\sigma}{E}\right)^n D_0\exp\left(-\frac{Q_{SD}}{RT}\right)$$ $\dot{\varepsilon}$：定常クリープ速度、B：定数、σ：負荷応力、 E：縦弾性係数、n：指数、D_0：頻度因子、Q_{SD}：自己拡散の活性化エネルギー、R：ガス定数、T：温度（K）
	振動破壊	$$f=\left(\frac{1}{2\pi}\right)\sqrt{\frac{k}{m}}$$ f：固有振動数、k：バネ定数、m：質量
電気・化学的信頼性	腐食	
	マイグレーション	$$N_m=C\cdot E^{-m}\cdot H^{-n}\exp\left(\frac{Q}{RT}\right)$$ N_m：マイグレーション寿命、C：定数、E：電解強度、 H：相対湿度、m、n：指数、Q：活性化エネルギー、 R：ガス定数、T：温度（K）
	エレクトロマイグレーション	$$J_{em}=C\left(\frac{D}{kT}\right)Z^* e\rho j=n\mu_e eE$$ J_{em}：単位時間単位面積当たりの通過原子数、C：単位体積当たりの原子密度、D：拡散係数、k：ボルツマン定数、T：温度（K）、Z^*：有効電荷、 e：電子の電荷、ρ：抵抗値、j：電流値、n：単位体積当たりの電子密度、 μ_e：電子の移動度、E：電場、$\frac{D}{kT}$：原子の移動度
その他複合因子	金属間化合物成長	$$X=k\sqrt{Dt}$$ X：金属間化合物層厚さ、k：定数、D：拡散定数、 t：保持時間
	衝撃破壊	
	腐食・疲労複合破壊	

5.2.3 信頼性因子と評価式

表 5.5 にエレクトロニクス実装製品のはんだ接合部における信頼性因子とその評価式を示す。はんだ接合部における信頼性因子を大別すると、表 5.5 のように、熱機械的信頼性、電気・化学的信頼性およびその他（複合因子による信頼性）に分類される。各信頼性因子に対応する加速試験（5.2.2 参照）が、信頼性評価のために実施される。以下では、各信頼性因子とその評価式について説明する。

5.2.3.1 熱機械的信頼性（静的破壊・熱疲労破壊・クリープ破壊・振動破壊）

熱機械的信頼性は、表 5.5 に示したように 4 つの破壊因子に大別される。

「静的破壊」は、構成部材の破断応力以上の過大な応力が接合部に加えられた時に発生するものであり、部品装着、製品組立、プルービング時などに発生する可能性があるが、通常の工程では発生しないよう設計がなされている。

「熱疲労破壊」は、接合部の構成部材間の熱膨張係数差が原因となって発生する。電子機器のスイッチ ON/OFF 時には、導通部での通電変化に伴い接合部は加熱および冷却されて熱サイクルを受ける。また、環境温度の変化によっても熱サイクルは発生する。熱サイクル環境下で構成部材間の熱膨張係数差により熱応力が負荷されると、接合部は**図 5.14** のように塑性変形する。熱サイクルにより塑性変形が繰り返されると、接合部にマイクロクラックが発生し、それが進展することにより接合部はやがて破断する。表 5.5 に示したように、一般に、はんだ材の熱疲労寿命はコフィン・マンソン（Coffin-Manson）の修正

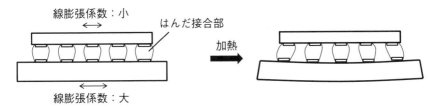

図 5.14 熱サイクルによる接合部の変形様式

式にて表される。コフィン・マンソンの式[5.11]は、もともと鉄やアルミニウムなどの金属材料の疲労試験における疲労寿命を評価した式であり、

$$\varepsilon_{\mathrm{p}} = M \cdot N_{\mathrm{f}}^{z} \tag{5-6}$$

ε_{p}：1サイクル当たりの塑性ひずみ、M、Z：材料定数、N_{f}：疲労寿命

で与えられる。式(5-6)に、振動数項と温度の影響項を加えた次の式が、コフィン・マンソンの修正式と呼ばれる。

$$N_{\mathrm{f}} = C \cdot f^{m} (\Delta \varepsilon_{\mathrm{p}})^{-n} \exp(Q/RT_{\mathrm{max}}) \tag{5-7}$$

　式(5-7)において、塑性ひずみ振幅（$\Delta \varepsilon_{\mathrm{p}}$）を求めることができれば、熱疲労寿命が予測できるが、はんだ接合部のような微細接合部においては、塑性ひずみ振幅の値を測定することは容易ではない。そのため、$\Delta \varepsilon_{\mathrm{p}}$は有限要素法を用いたシミュレーションなどで計算により求められてきた[5.12-5.14]。有限要素法によるシミュレーションが発展する以前には、式(5-7)をより簡便な実用的な式に変更して評価が行われてきた。構成部材間の熱膨張係数差により熱応力が発生する時、塑性ひずみ振幅が温度差に比例すると仮定すると、式(5-7)は、

$$N_{\mathrm{f}} = C' \cdot f^{m} (\Delta T)^{-n} \exp(Q/RT_{\mathrm{max}}) \tag{5-8}$$

C'：定数、ΔT：温度振幅

と書き換えることができる。式(5-8)では、熱サイクル試験における温度振幅に注目すればよいため、実用上の取り扱いは式(5-7)と比べ容易となる。しかし、式(5-8)は、あくまで塑性ひずみ振幅が温度差に比例する場合においてのみ成り立つものであり、熱サイクルの温度域が部材のガラス転移点温度を超えるような場合などのように、塑性ひずみ振幅が温度差に比例しない場合には成立しない[5.15]ことに注意する必要がある。

　「クリープ破壊」は、高温で一定応力が負荷される環境において、負荷荷重が静的な破壊強度に達していなくとも材料の変形が進行し破断に至る現象である。クリープ変形は高温において生じる現象であるが、融点がせいぜい200〜300℃程度のはんだでは、室温でも十分に高温環境にある。Sn-3Ag-0.5Cu（液相線温度：219℃）において、絶対温度による室温（25℃）/融点は、298 K/492 K≒0.61となり、鉄が約1170℃の温度に保持された状態（鉄がまっ赤に焼けている状態）に等しい。そのため、はんだ接合部の応力集中部においては、

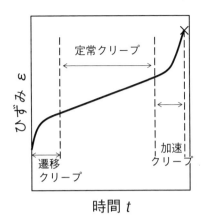

図 5.15　クリープ曲線

　原子の拡散を伴うクリープ変形が起こりボイドが生成する。引き続きボイドの成長が起こると、接合部にクラックが発生・進展し破断に至る。重量の重い部品が実装される場合などを除き、一般のはんだ接合部においては、クリープ変形のみで破断に至ることはまれであり、前述の熱疲労との組み合わせにより複合的な破断となる。特に、熱サイクル試験における高温保持領域では、クリープ変形が支配的になる。クリープ変形時の材料のひずみの時間変化は、**図 5.15**のようなクリープ曲線で表される。クリープ曲線には、ひずみ速度が低下する一次（遷移）クリープ域、ほぼ一定の二次（定常）クリープ域、加速する三次（加速）クリープ域が出現する。通常、クリープ変形では二次クリープの時間が長いため、そのひずみ速度は表 5.5 に示したように定常クリープ速度と定義され、クリープ変形の予測に利用される。

　「振動破壊」は、自動車や航空機などに搭載される電子部品において、高周波の繰り返し振動が原因となって引き起こされる破壊様式である。特に、接合部が負荷振動と共振すると過大な応力が発生する。しかし、一般の電子部品においては、その部品質量が軽いため共振は起こりづらく、特殊な条件[5.16]でない限りはあまり問題とならない。

5.2.3.2 電気・化学的信頼性（腐食・マイグレーション・エレクトロマイグレーション）

はんだ接合部における電気・化学的信頼性は、腐食とマイグレーションに大別される。

「腐食」は、高温・高湿下において、軟鋼のさびのように金属材料が水酸化物、酸化物、ハロゲン化物などを生成することにより、素材が脆くなり破壊される現象をいう。はんだ接合部では、フラックス残さ中に含まれるハロゲンイオンによるハロゲン化物の生成などが腐食の原因となる。腐食生成物には、上述のような種々の存在形態があるため、その寿命予測は容易ではない。

「マイグレーション」には、「イオンマイグレーション」と「エレクトロマイグレーション」の2つがある。

「イオンマイグレーション」は、高温・高湿下において陽極電極金属がイオンとなって絶縁層中に溶けだし、電極間に析出して短絡を引き起こす現象である。析出形態は、陰極（カソード）側にて還元析出する場合と、陽極（アノード）電極付近の絶縁層中にて還元析出する場合の2つの形態がある[5.10)]。いずれの場合も、絶縁層内に樹枝状あるいは雲状に析出物が成長して、陽極と陰極との短絡に至る。また、短絡しない場合でも絶縁層の絶縁抵抗劣化をもたらす。**図5.16** に Cu 電極の例を示す。

「エレクトロマイグレーション」は、半導体の配線の微細化に伴い、顕在化

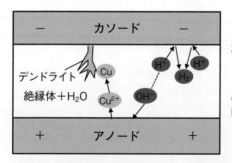

$$2H^+ + 2e^- \rightarrow H_2$$

$$Cu \rightarrow 2Cu^{2+} + 2e^-$$
$$H_2O \rightarrow H^+ + OH^-$$

アノードでの反応：$2Cu^{2+} + 4OH^- \Leftrightarrow 2Cu(OH)_2 \Leftrightarrow Cu_2O + H_2O$
カソードでの反応：$2Cu^{2+} + 2e^- \rightarrow Cu$

図5.16 イオンマイグレーション（Cu 電極の例）

してきた現象である。配線部に大電流が流れると、電子の流れにより原子が移動させられて配線部が断線する。半導体の Al および Cu 配線の場合、エレクトロマイグレーションが生じる電流密度は 10^5～10^6 A/cm^2 とされる[5.8]。はんだ材では 10^3～10^4 A/cm^2 で生じ、特にフリップチップ接合では生じやすい[5.8]。3 次元積層デバイスなどの内層でも起こりうる現象であり、継続的な研究が進められている[5.17, 5.18]。

5.2.3.3 その他の信頼性および複合因子による信頼性

　熱機械的因子および電気化学的因子以外の信頼性として、接合界面での金属間化合物層の成長に伴う界面破壊がある。金属間化合物層の成長については、表 5.5 に示した比較的シンプルな式で表されるため、金属間化合物層の厚みと熱処理時間との関係から化合物成長の際の活性化エネルギーを評価しておけば、熱処理時間に応じた化合物層厚みを推定することができる。

　熱機械的因子と電気化学的因子が複合的に作用する場合もあり、腐食に起因する熱疲労破壊などがそれにあたる。腐食・熱疲労破壊は、腐食生成物の同定が容易ではないため、一つの式に表すことは困難である。しかし、例えば酸化に関しては、酸化膜の成長則は金属間化合物の成長則と同様の式で表されることが知られており[5.19]、その場合には活性化エネルギーを求め信頼性評価に利用することは可能である。

　以上述べた信頼性因子のほかに、スマートフォンや携帯電話などの移動体通信機器の普及により、「落下衝撃」に関する信頼性も重要な信頼性因子となっており、落下衝撃試験[5.20]や高速ボールシェア試験[5.21]など様々な研究が行われている。

■5.3　信頼性設計

5.3.1　応力とひずみ

　図 5.17 に、初期断面積 A_0 および長さ L_0 の棒状の材料試験片を単軸方向に荷

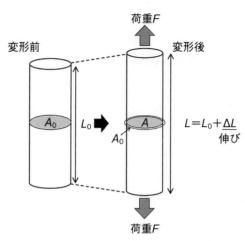

（出典：荘司他、機械材料学、(2014)、丸善出版）

図 5.17　応力とひずみ

重 F で引っ張った時の変形状態を示す。変形により、試験片は ΔL だけ均一に伸びて、断面積 A および長さ L になったとする。この場合、応力（または公称応力）σ は $\sigma = F/A_0$、ひずみ（または公称ひずみ）ε は $\varepsilon = \Delta L/L_0$ と定義される。

　一般に、材料の機械的特性を調査するために引張試験が行われる。引張試験では、棒状や板状などの形状の試験片を一定速度で引っ張りながら、荷重および伸びを測定し、**図 5.18** のような応力-ひずみ曲線（線図）を描く。応力-ひずみ曲線より、降伏応力、0.2 ％耐力、ヤング率（縦弾性係数）、引張強さ（引張強度）、破断ひずみ（破断伸び）などを求めることができる。応力-ひずみ曲線における、試験開始時から降伏応力に至るまでの領域は、弾性域と呼ばれ、その領域では荷重を除去すると、ひずみはゼロに戻る。このような変形は弾性変形と呼ばれ、次のフックの法則が成り立つ。

$$\sigma = E\varepsilon \tag{5-9}$$

E：縦弾性係数（ヤング率）

　図 5.18 の弾性域における直線の傾きが E となる。弾性域を超えてひずみを与えると、荷重を除去してもひずみはゼロには戻らない。この残留するひずみは

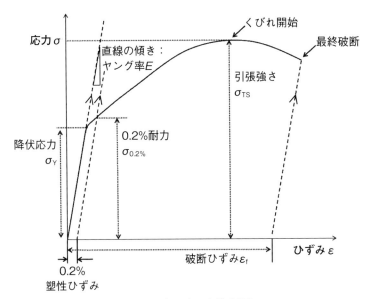

（出典：荘司他、機械材料学、(2014)、丸善出版）

図5.18 応力-ひずみ曲線

塑性ひずみあるいは永久ひずみを呼ばれ、塑性ひずみを伴う変形は塑性変形と呼ばれる。弾性変形と塑性変形の境目が降伏応力を示すが、実際の応力-ひずみ曲線においてはその境目の判断が難しいことがあり、鉄鋼材料などでは、応力-ひずみ曲線において塑性ひずみが0.2 ％となる応力値を0.2 ％耐力と定義する。応力-ひずみ曲線における最大応力値が引張強さとなる。

　通常、応力-ひずみ曲線においては、初期断面積および長さを基準として求めた応力（公称応力）およびひずみ（公称ひずみ）がプロットされる。そのため、図5.17のような変形中の正確な応力およびひずみを表しているわけではない。そのため、大きな量の塑性変形を検討する場合には、次の真応力および真ひずみが使用される。

$$真応力 \sigma_a = F/A_a \tag{5-10}$$

$$真ひずみ \varepsilon_a = \int_{L_0}^{L} (dL/L) = \ln(L/L_0) = \ln\{(L_0 + \Delta L)/L_0\} = \ln(1 + \varepsilon_0)$$

$$\tag{5-11}$$

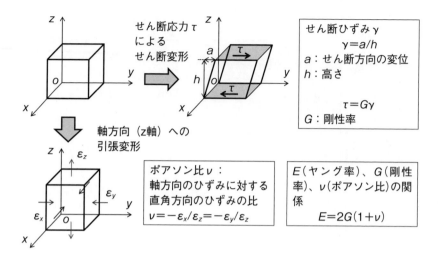

図5.19　せん断応力とせん断ひずみ

L_0：試験開始時の標点間距離（m）、A_0：試験開始時の断面積（m²）、
L：任意の変形時点での標点間距離（m）、A_a：任意の変形時点での断面積（m²）、
F：任意の変形時点での荷重（N）、ΔL：任意の変形時点での伸び（m）、
公称応力：$\sigma_0 = F/A_0$、公称ひずみ：$\varepsilon_0 = (L-L_0)/L_0 = \Delta L/L_0$

　図5.17では単軸方向の引張変形を考えたが、実際のはんだ接合部にはせん断変形も発生する。**図5.19**のように、せん断ひずみ γ は、

$$\gamma = a/h \tag{5-12}$$

で与えられ、せん断応力 τ と γ は、剛性率 G を用いて、

$$\tau = G\gamma \tag{5-13}$$

と表される。また、図5.19のように1軸方向に引っ張った場合、直角方向では収縮する。軸方向のひずみに対する直角方向のひずみの比は次のポアソン比 ν として与えられる。

$$\nu = -\varepsilon_x/\varepsilon_z = -\varepsilon_y/\varepsilon_z \tag{5-14}$$

　ヤング率 E、剛性率 G およびポアソン比 ν との間には次の関係が成立する。

$$E = 2G(1+\nu) \tag{5-15}$$

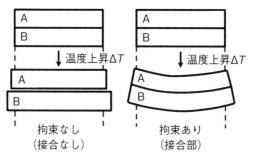

図 5.20　熱応力

5.3.2　熱応力と残留応力

　一般的な金属材料は温度上昇に伴い膨張する（収縮するものもある）。2.4 で述べた線膨張係数（線膨張率）α_L は、温度の上昇に対応して長さが変化する割合を示し、1 K（℃）当たりの温度上昇による物体の長さ・体積が膨張する割合を示す。長さ L_0 の物体が ΔT だけ温度上昇すると、伸び ΔL は次の式で与えられる。

$$\Delta L = \alpha_L \, L_0 \, \Delta T \qquad (5\text{-}16)$$

　線膨張係数は、表 2.3 に示したように材料ごとに値が異なるため、接合体の温度が上昇すると、接合体には構成部材の線膨張係数差に起因する拘束により、変形が生じる（図 5.20）。その結果、温度変化に伴い接合体の材料内部には熱応力が発生する。

　図 5.21 には、Cu 薄膜を有する Si ウエハの有限要素（FEM）解析モデルの解析例を示す。生産時の加熱工程において、熱応力により塑性変形やクリープ変形が生じると、冷却後に接合体の内部応力はゼロに戻らず残留応力が発生する。

　図 5.22 には、はんだ材の微小試験片を用いた低サイクル疲労試験におけるヒステリシスループの測定例を示す。ひずみゼロの時にも残留応力が発生し、応力ゼロの時には塑性ひずみが発生していることがわかる。

　残留応力はソルダリング時の凝固収縮過程においても発生する。

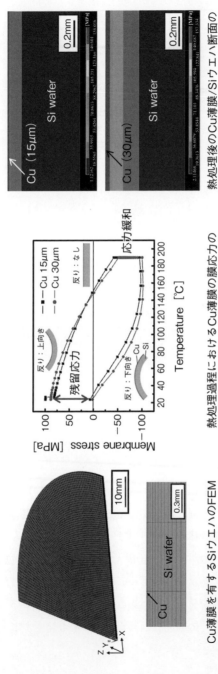

熱処理後の Cu 薄膜／Si ウエハ断面の残留応力分布

熱処理過程における Cu 薄膜の膜応力解析結果

Cu 薄膜を有する Si ウエハの FEM 解析モデル（1/4 モデル）

（出典：篠原他、Mate 2018（Microjoining and Assembly Technology in Electronics) Proc., (2014)、pp. 221–224、スマートプロセス学会）

図 5.21　Si ウエハ上の Cu 薄膜の熱処理過程における膜応力解析結果[5.22)]

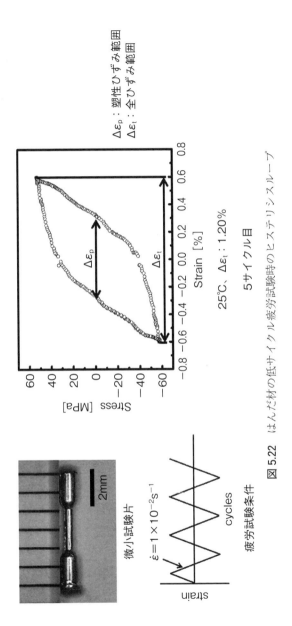

図 5.22 はんだ材の低サイクル疲労試験時のヒステリシスループ

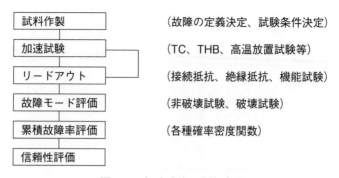

図 5.23　加速試験の実施手順

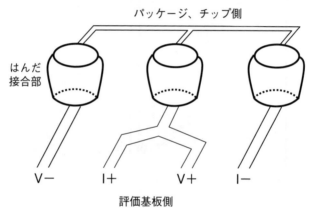

図 5.24　四端子法に対応した回路の例

5.3.3　熱疲労信頼性の信頼性設計

5.3.3.1　信頼性評価試験手順

　図 5.23 に、エレクトロニクス実装製品の接合部信頼性を評価するための加速試験実施手順の例を示す。以下では、図の手順に従い説明する。

　①　試料作製

　加速試験を実施するにあたり、5.2.2 に示した各試験に対応した試料を準備する。熱サイクル試験の場合には、接合部の電気抵抗値を四端子法により測定できるような配線を有する試料を作製する。図 5.24 に四端子法に対応した配線パ

ターン例を示す。四端子法では、測定値に接合部以外の配線抵抗ができるだけ
含まれないように電気回路が構成される。図 5.24 の回路は、中央のはんだ接合
部の電気抵抗を測定するために構成されている。電流経路と電圧経路が重複す
る部分の配線抵抗が測定される電気抵抗に含まれるため、該当部の長さはでき
るだけ短くするのが望ましい。また、THB 試験などの耐湿系の試験を実施す
る場合には、電極間の絶縁抵抗を測定できるような回路が構成される。BGA
や CSP モジュールなどのパッケージ部品では、"デイジーチェーン"と呼ばれ
る予め評価用に配線がなされたサンプルが供給される場合もある。信頼性評価
用の試料の作製が困難な場合には、実製品を用いて加速試験を行い、機能試験
（ファンクション試験）により故障発生の有無を調査する場合もある。しかし、
その場合には故障部の特定が難しくなるため、故障モードの評価が困難となる
ことは避けられない。

② 試験条件および故障の定義の決定

　評価用試料の準備と並行して、加速試験の試験条件および故障の定義を試験
実施前に決定する。TC 試験では、最高到達温度、最低到達温度、到達温度で
の保持時間、1 時間当たりのサイクル数などを決定する。その後、ダミーサン
プルを用いて試験時の温度測定を実施し、高温槽および低温槽の設定温度、各
槽での保持時間などを決定する。ほかの加速試験においても同様にして試験条
件を決定する。次に、何サイクルあるいは何時間毎に試験を中断して、接続抵
抗測定、絶縁抵抗測定などを行う（リードアウト）かを決定する。近年、加速
試験を実施しながら測定を行うことも可能となっている（インラインテスト）。
さらに、故障の定義を決定しておく。TC 試験では、接合部が完全に破断した
場合を故障とするのか、あるいは接続抵抗値の変化量にしきい値を設け、その
値に達した場合を故障とするのかなどが故障の定義となる。同様に、絶縁抵抗
測定においては、絶縁抵抗値が何 MΩ 以下になった時を故障と定義するかが
故障の定義となる。故障の定義は、各製品および試験目的毎に要求事項が変わ
れば変化する。そのため、加速試験の実施前に故障の定義を明確にしておく必
要がある。

③　加速試験の実施

　評価用試料を準備し、加速試験の条件および故障の定義が決定されたら直ちに試験を実施する。はんだ接合部は、室温でも十分高温環境にあるため（5.2.3.1 参照）、長期間の放置は接合部の組織が変化する可能性がある。加速試験を実施して、予め決めておいたサイクル数あるいは試験時間毎に、接続抵抗測定、絶縁抵抗測定および機能試験などを実施し、各サイクル数あるいは各時間での故障数（故障率）を調査する。

④　故障モード、累積故障率および信頼性評価

　加速試験の実施により、各サイクル数あるいは各時間での故障率を評価するとともに、故障モードの調査が必要となる。後述する取得データの統計的整理法は故障モードが同一の時に有効であり、故障モードが複数存在する場合には、故障モード毎にデータを分類して整理しなければならない。複数の故障モードを単一の故障モードとして解析してしまうと、信頼性評価の際の加速係数などが信頼性の低いものとなり、誤った信頼性評価の原因となる。同一の故障モードを確認した後、サイクル数または時間数に対する累積故障率を求め、統計的手法を用いて整理する。それらのデータをもとに、実製品における接合部の信頼性評価を実施する。これら一連の手法については、5.3.3.3 で後述する。

5.3.3.2　加速係数

　表 5.5 に示したように、はんだ接合部の熱疲労寿命は次のコフィン・マンソン（Coffin-Manson）の修正式[5.23]で表される。

$$Nf = C \cdot f^m \cdot (\Delta \varepsilon_p)^{-n} \cdot \exp\left(\frac{Q}{RT_{max}}\right) \tag{5-17}$$

Nf：熱疲労寿命、C：材料定数、f：繰り返し周波数、
$\Delta \varepsilon_p$：塑性ひずみ振幅、Q：活性化エネルギー、R：ガス定数、
T_{max}：最高使用温度（絶対温度）、m、n：定数

　式(5-17)中の塑性ひずみ振幅（$\Delta \varepsilon_p$）を求めることができれば、熱疲労寿命が予測できる。ところが、5.2.3.1 で述べたように、微細接合部の $\Delta \varepsilon_p$ を測定することは困難であるため、Sn-Pb 系はんだを用いた接合部においては、構成部

材間の熱膨張係数差により熱応力が発生する時に $\Delta\varepsilon_p$ が温度差に比例すると仮定して、式(5-17)を次のように置き換えた式が使用されてきた。

$$Nf = C' \cdot f^m \cdot (\Delta T)^{-n} \cdot \exp\left(\frac{Q}{RT_{\max}}\right) \tag{5-18}$$

ΔT：温度振幅、C'：材料定数

　式(5-18)では、熱サイクル試験における温度振幅に注目すればよく、実用上の取扱いは式(5-17)に比べ容易となる。しかし、5.2.3.1 で述べたように、式(5-18)は、塑性ひずみ振幅が温度差に比例する場合においてのみ成り立つものであることに注意が必要である。最近では、有限要素法を用いたシミュレーションにより $\Delta\varepsilon_p$ を高精度に求める方法が実施されている。

　はんだ接合部の熱疲労信頼性を評価する場合には、加速試験として熱サイクル試験が行われ、その結果が実際の製品寿命に換算される。その際、加速係数（Acceleration Factor：AF）が使用される。加速係数は、実際に製品が使用される環境と加速試験の実施条件との間にどの程度の加速があるのかを示す係数である。式(5-18)において、実際の使用環境（Field）における製品の寿命を N_F、実験室（Laboratory）での加速試験による寿命を N_L とすると、加速係数 AF は式(5-19)で表される。

$$
\begin{aligned}
AF = \frac{N_F}{N_L} &= \left(\frac{f_F}{f_L}\right)^m \cdot \left(\frac{\Delta T_F}{\Delta T_L}\right)^{-n} \cdot \left(\exp\left(\frac{Q}{RT_F}\right) \middle/ \exp\left(\frac{Q}{RT_L}\right)\right) \\
&= \left(\frac{f_F}{f_L}\right)^m \cdot \left(\frac{\Delta T_F}{\Delta T_L}\right)^{-n} \cdot \exp\left\{\left(\frac{Q}{R}\right) \cdot \left(\frac{1}{T_F} - \frac{1}{T_L}\right)\right\}
\end{aligned}
\tag{5-19}
$$

AF：加速係数、f_F：製品の ON・OFF サイクル/日、
f_L：加速試験での温度サイクル/日、ΔT_F：製品での温度変化、
ΔT_L：加速試験での温度変化、T_F：製品での最高温度（絶対温度）、
T_L：加速試験での最高温度（絶対温度）

　式(5-19)における m 値、n 値、Q 値に関して、Pb-rich の高融点はんだバンプ（Pb-3Sn（mass %））を使用する C4 フリップチップでは、$m=1/3$、$n=1.9$、$Q=0.123\,\mathrm{eV}$（$11.9\,\mathrm{kJ/mol}$）が使用されてきた[5.23]。これらの値およびガス定数

を式(5-19)に代入すると、式(5-20)となる。Sn–37Pb（mass %）などの Sn–Pb 系はんだを用いる場合にも、はんだ接合部での故障を評価する際にはこの式を利用して加速係数が求められてきた。また、Sn–37Pb はんだによる CSP の接合部においては、m 値および n 値は、Pb–3Sn の場合と同様の値となることも報告されている[5.24]。

$$AF = \left(\frac{f_F}{f_L}\right)^{\frac{1}{3}} \cdot \left(\frac{\Delta T_L}{\Delta T_F}\right)^{1.9} \cdot \exp\left\{1414 \cdot \left(\frac{1}{T_F} - \frac{1}{T_L}\right)\right\} \qquad (5\text{-}20)$$

式(5-20)を用いて、室温（25 ℃（298 K））から T_{max}51 ℃（324 K）の使用環境と 0～100 ℃の加速試験における加速係数 AF を考える。f_F および f_L を、それぞれ 6 および 72 サイクル/日とすると、$\Delta T_F = 26$（K）、$\Delta T_L = 100$（K）、$T_F = 324$（K）、$T_L = 373$（K）より、$AF \fallingdotseq 10$ となる。したがって、0～100 ℃の加速試験を 1000 サイクル実施したときに接合部に故障が発生しなければ、実使用環境下では AF として 10 を乗じた 10000 サイクルまで接合部の信頼性を保証できることになる。

5.3.3.3　取得データの統計処理

　加速試験によりサイクル数あるいは時間毎の累積故障率が明らかになれば、統計的手法を用いて接合部の信頼性を評価することができる。以下では、取得データの統計的処理手法について述べるが、複数の故障モードが存在する場合には、故障モードを混在させずに故障モード毎の累積故障率を明らかにする必要がある。

　故障解析により故障モードが明らかになれば、加速試験の結果から累積故障率を求めることは容易である。しかし、試料数が少なく（数個程度）、リードアウト間隔が長い場合には、同一サイクルあるいは同一時間で一斉に故障が発生して累積故障率のデータ数が極端に少なくなる。基本的には試料数を増やして（数十個程度）リードアウト間隔を短くすることで解決できるので、故障サイクル数あるいは故障時間があらかじめ容易に推測できない場合には、こまめにリードアウトを行うのが望ましい。十分な試料数が準備できない場合には、次に示す平均ランク法やメジアンランク法により累積故障率を求める。

試料総数 n 個の時に、時間 t までに r 個の故障が発生したとすると、累積故障率 $F(t)$ は、

$$F(t) = r/n \tag{5-21}$$

と表される。試料総数が少ない場合には、

$$F(t) = r/(n+1) \quad [平均ランク法] \tag{5-22}$$

$$F(t) = (r-0.3)/(n+0.4) \quad [メジアンランク法] \tag{5-23}$$

などの方法で表すことが有効である。後述するように、各確率プロット紙には累積故障率 100 ％となるデータをプロットすることはできない。そのため、ある時間にて試料がすべて故障に至りそれまでの累積故障率のデータが少ない場合、プロットできるデータが極端に少なくなる。平均ランク法やメジアンランク法では、累積故障率が 100 ％となることはなく、データ数が 30 個未満程度の場合に有効な方法である。

累積故障率（または累積分布関数）$F(t)$ は、その故障分布が確率密度関数 $f(t)$ に従うものとすると、次式で与えられる。

$$F(t) = \int_{-\infty}^{t} f(t)\,dt \tag{5-24}$$

$f(t)$：確率密度関数

また、時間 t までの累積故障率を $F(t)$ とすると、その時間での信頼度（故障していないものの率）$R(t)$ は、

$$R(t) = 1 - F(t) \tag{5-25}$$

表 5.6 各種故障分布の確率密度関数

故障分布	確率密度関数：$f(t)$
正規分布	$\dfrac{1}{\sqrt{2\pi}\,\sigma} \exp\left\{-\dfrac{(t-\mu)^2}{2\sigma^2}\right\}$
対数正規分布	$\dfrac{1}{\sqrt{2\pi}\,\sigma t} \exp\left\{-\dfrac{(\ln t-\mu)^2}{2\sigma^2}\right\}$
指数分布	$\lambda \exp(-\lambda t)$
ワイブル分布	$\left(\dfrac{m}{\eta}\right)\left\{\dfrac{(t-\gamma)}{\eta}\right\}^{m-1} \exp\left[-\left\{\dfrac{(t-\gamma)}{\eta}\right\}^{m}\right]$

μ：平均値、σ^2：分散、t：時間、λ：故障率、m：形状パラメータ、
η：尺度パラメータ、γ：位置パラメータ

で与えられる。さらに、時間 t における故障率 $\lambda(t)$ は、

$$\lambda(t) = f(t)/R(t) \qquad (5\text{-}26)$$

で与えられる。

　確率密度関数 $f(t)$ は、故障分布が正規分布、対数正規分布、ワイブル分布などのいずれの分布に従うかにより、対応する関数が使用される。**表 5.6** に各種故障分布に対応する確率密度関数を示す。式(5-24)中の $f(t)$ に適切な確率密度関数を代入し積分することにより累積故障率 $F(t)$ が求められる。一般的には各種故障分布に対応した確率紙を用いた解析が行われる。信頼性評価の際には、各故障モードに対応した確率紙に加速試験により得られたデータをプロットし、直線回帰を行う。得られた回帰直線を用いて目標とする累積故障率に達するまでの接合部の寿命（サイクル数または時間）を評価する。

　以下では、正規分布、対数正規分布、指数分布について説明する。

① 正規分布

図 5.25 に、正規分布における時間 t（サイクル数でもよい）に対する確率密度分布 $f(t)$、信頼度 $R(t)$、故障率 $\lambda(t)$ の変化のイメージ図を示す。正規分布は、表5.6 に示した確率密度関数を持ち、時間 t に対し $f(t)$ が左右対称な釣鐘型分布になることを特徴とする。電球あるいはタイヤの寿命などの摩耗故障によく合致するとされる。

　正規分布において、平均値 μ を $\mu = 0$、標準偏差 σ を $\sigma = 1$ としたものを、特に標準正規分布と呼ぶ。標準正規分布では、確率密度関数は、

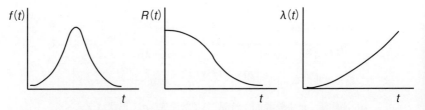

図 5.25 正規分布における確率密度分布 $f(t)$、信頼度 $R(t)$、故障率 $\lambda(t)$ の変化

$$f(u) = \frac{1}{\sqrt{2\pi}} \exp\left(-\frac{u^2}{2}\right) \qquad (5\text{-}27)$$

$$u = \frac{t - \mu}{\sigma}$$

となり、その扱いが容易となる。標準正規分布では、確率密度分布は $t=0$ を中

表5.7　正規分布表

u	.00	.01	.02	.03	.04	.05	.06	.07	.08	.09
0.0	.5000	.4960	.4920	.4880	.4846	.4801	.4761	.4721	.4681	.4641
0.1	.4602	.4562	.4522	.4483	.4443	.4404	.4364	.4325	.4286	.4247
0.2	.4207	.4168	.4129	.4090	.4052	.4013	.3974	.3936	.3897	.3859
0.3	.3821	.3783	.3745	.3707	.3669	.3632	.3594	.3557	.3520	.3483
0.4	.3446	.3409	.3372	.3336	.3300	.3264	.3228	.3192	.3156	.3121
0.5	.3085	.3050	.3015	.2981	.2946	.2912	.2877	.2843	.2810	.2776
0.6	.2743	.2709	.2676	.2643	.2611	.2578	.2546	.2514	.2483	.2451
0.7	.2420	.2389	.2358	.2327	.2296	.2266	.2236	.2206	.2177	.2148
0.8	.2119	.2090	.2061	.2033	.2005	.1977	.1949	.1922	.1894	.1867
0.9	.1841	.1814	.1788	.1762	.1736	.1711	.1685	.1660	.1635	.1611
1.0	.1587	.1562	.1539	.1515	.1492	.1469	.1446	.1423	.1401	.1379
1.1	.1357	.1335	.1314	.1292	.1271	.1251	.1230	.1210	.1190	.1170
1.2	.1151	.1131	.1112	.1093	.1075	.1056	.1038	.1020	.1003	.0985
1.3	.0968	.0951	.0934	.0918	.0910	.0885	.0869	.0853	.0838	.0823
1.4	.0808	.0793	.0778	.0764	.0749	.0735	.0721	.0708	.0694	.0681
1.5	.0668	.0655	.0643	.0630	.0618	.0606	.0594	.0582	.0571	.0559
1.6	.0548	.0537	.0526	.0516	.0505	.0495	.0485	.0475	.0465	.0455
1.7	.0446	.0436	.0427	.0418	.0409	.0401	.0392	.0384	.0375	.0367
1.8	.0359	.0351	.0344	.0336	.0329	.0322	.0314	.0307	.0301	.0294
1.9	.0287	.0281	.0274	.0268	.0260	.0256	.0250	.0244	.0239	.0233
2.0	.0228	.0222	.0217	.0212	.0207	.0202	.0197	.0192	.0188	.0183
2.1	.0179	.0174	.0170	.0166	.0162	.0158	.0154	.0150	.0146	.0143
2.2	.0139	.0136	.0132	.0129	.0125	.0122	.0119	.0116	.0113	.0110
2.3	.0107	.0104	.0102	.0099	.0096	.0094	.0091	.0089	.0087	.0084
2.4	.0082	.0080	.0078	.0075	.0073	.0071	.0069	.0068	.0066	.0064
2.5	.0062	.0060	.0059	.0057	.0055	.0054	.0052	.0051	.0049	.0048
2.6	.0047	.0045	.0044	.0043	.0041	.0040	.0039	.0038	.0037	.0036
2.7	.0035	.0035	.0033	.0032	.0031	.0030	.0029	.0028	.0027	.0026
2.8	.0026	.0025	.0024	.0023	.0023	.0022	.0021	.0021	.0020	.0019
2.9	.0019	.0018	.0018	.0017	.0016	.0016	.0015	.0015	.0014	.0014
3.0	.0013	.0013	.0013	.0012	.0012	.0011	.0011	.0011	.0010	.0010

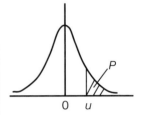

標準正規分布において
uによりPを求める表

心として左右対称な形となる。

　正規分布に従う故障分布の累積故障率を計算によって求めるには、式(5-24)と式(5-27)より、$\int \exp(-u^2)\,du$ なる積分式を計算しなければならないが、初等数学ではこの積分は計算できない。そのため、式(5-28)の収束係数を用いて近似計算を行う。数式的にはこのような扱いをすればよいが、実際には、**表5.7** に示す正規分布表を用いて累積故障率（確率密度）を求めればよい。正規分布表では、上述の計算によって求められる値が、各 u 値に対して与えられている。表5.7 から読み取られる値は、信頼度 $R(t)$ に相当し、累積故障率 $F(t)$ は

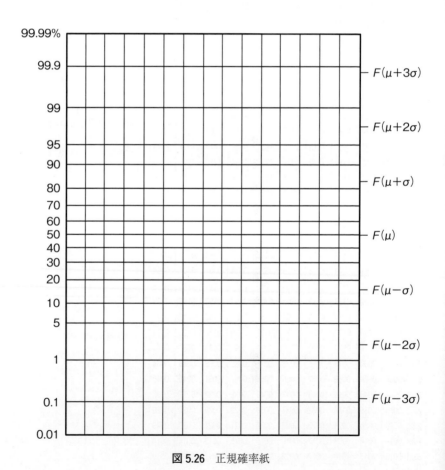

図 5.26　正規確率紙

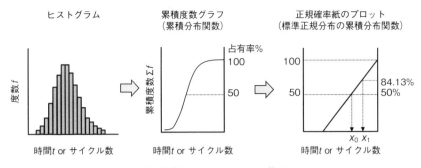

図5.27 正規確率紙によるデータの整理イメージ

$\{1-R(t)\}$ より求められる。

$$\int_0^x \exp(-u^2)\,du$$

$$=x-\frac{x^3}{3\cdot1!}+\frac{x^5}{5\cdot2!}-\frac{x^7}{7\cdot3!}+\cdots \tag{5-28}$$

　加速試験によって得られたデータの解析には、**図5.26**に示す正規確率紙が用いられる。正規確率紙では、横軸に通常の座標軸を、縦軸に正規分布表に対応する累積故障率を取る。縦軸の中央が累積故障率50％（$=F(u)$）に相当し、そこから上下対称に目盛りがふられている。左側の縦軸目盛りにおける累積故障率84.13％、97.72％および99.87％は、それぞれ右側の縦軸目盛りにおける$F(u+\sigma)$、$F(u+2\sigma)$および$F(u+3\sigma)$に相当する。

　図5.27に正規確率紙によるデータの整理イメージを示す。各試験時間tにおける故障率を評価したヒストグラムより、累積故障率が求められる。正規確率紙上に横軸を加速試験の時間あるいはサイクル数を取り、累積故障率をプロットする。その時、プロットしたデータに対し回帰直線が描ければ評価した接合部の故障分布は正規分布に従うことになる。また、回帰直線において、累積故障率が50％および84.13％となる横軸の値より、それぞれ平均値μおよび標準偏差σを求めることができる。図5.27における、x_0および(x_1-x_0)がそれぞれ平均値μおよび標準偏差σとなる。直線回帰ができたならば、直線を延長することにより信頼性の評価ができる。故障率0.01％（製品の0.01％が故障す

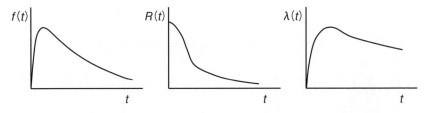

図 5.28 対数正規分布における確率密度分布 $f(t)$、信頼度 $R(t)$、故障率 $\lambda(t)$ の変化

る）となる時間を評価したい場合には、縦軸の 0.01 ％に相当する回帰直線の横軸の値を読めばよい。なお、データが直線回帰できない場合には、ほかの分布での評価を行う必要がある。

② 対数正規分布

対数正規分布は、表 5.6 に示した確率密度関数を持つ分布である。**図 5.28** に、時間に対する確率密度分布 $f(t)$、信頼度 $R(t)$、故障率 $\lambda(t)$ の変化のイメージ図を示す。正規分布と比べると、確率密度分布が低時間側にシフトする特徴を持つ。確率密度関数は、正規分布における t を $\ln t$ に置き換えたものであり、dt は dt/t に置き換えられるため、表 5.6 に示した確率密度関数となる。対数正規分布は、電子部品の故障や機械材料の破壊寿命などがよく従うとされ、はんだ接合部の熱疲労寿命評価に古くより使用されてきた[5.23]。後述のワイブル分布とともにはんだ接合部の信頼性評価に使用される。表 5.6 に示したように、数式的にはかなり複雑であるため、数学的な取り扱いは正規分布よりも困難となるが、データ解析用には対数正規確率紙が用意されている。対数正規確率紙は、

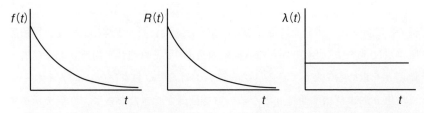

図 5.29 指数分布における確率密度分布 $f(t)$、信頼度 $R(t)$、故障率 $\lambda(t)$ の変化

図 5.26 の正規確率紙の横軸を対数軸としたものであり、正規分布の場合と同様
にして、加速試験のデータを解析することができる。

③ 指数分布
指数分布は、表 5.6 に示した確率密度関数を持つ分布である。**図 5.29** に、時
間に対する確率密度分布 $f(t)$、信頼度 $R(t)$、故障率 $\lambda(t)$ の変化のイメージ図を
示す。図 5.29 に示したように、指数分布では、故障率 $\lambda(t)$ が時間に対して一定
値を取り、偶発故障などがよく従うとされる。

5.3.3.4 ワイブル分布を利用したデータ整理手法
ワイブル分布は、スウェーデンの物理学者ワイブルが、金属材料の破壊強度
の分布に初めて適用した分布[5.25]であり、その確率密度関数は、表 5.6 に示した
式で与えられる。ワイブル分布は、最弱リンクモデルによくあてはまると言わ
れている。最弱リンクモデルとは、**図 5.30** に示すように、多数の輪からなるチ
ェーンにおける一つの輪の切断や複数の部品からなる直列系システムにおける
一部品の故障のように、一番弱い部品の故障によりシステムの機能が失われる
モデルである。ワイブル分布では、表 5.6 に示した確率密度関数における形状
パラメータ m を変化させることにより、正規分布や対数正規分布などの様々

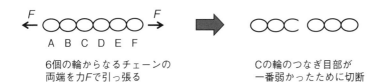

F ← ○○○○○○ → F
A B C D E F

6個の輪からなるチェーンの
両端を力Fで引っ張る

Cの輪のつなぎ目部が
一番弱かったために切断

A-B-C-D-E-F

A-B-**C**-D-E-F

直列系システム
6個の部品を直列でつないだ装置

直列系システムでは部品Cが故障
すればシステムは機能しない

図 5.30 最弱リンクモデル

な故障分布に対応させることができる（$m=1$の時が指数分布、$m \fallingdotseq 3.2$の時が正規分布となる）。そのため、故障解析には非常に有効な分布として利用されている。また、正規分布などと同様、ワイブル確率紙へ取得データをプロットすることにより、平均値 μ や標準偏差 σ を求めることができる。はんだ接合部の信頼性評価では、対数正規分布とワイブル分布から求めた平均寿命値（累積故障率が50％となるサイクル数）はほぼ一致することが報告されており[5.26]、対数正規分布とともに頻繁に利用されている。

ワイブル分布では、累積故障率 $F(t)$ は次式で表される。

$$F(t) = 1 - \exp\left[-\left(\frac{t-\gamma}{\eta} \right)^m \right] \tag{5-29}$$

m：形状パラメータ、η：尺度パラメータ、γ：位置パラメータ

故障分布がワイブル分布に従う時には $\gamma=0$ にならなければならないので、$\gamma=0$ とすると、式(5-29)より、信頼度 $R(t)$ は、

$$R(t) = 1 - F(t) = \exp\left\{ -\left(\frac{t}{\eta} \right)^m \right\} \tag{5-30}$$

ここで両辺の対数をとると、

$$\ln\{1 - F(t)\} = -\left(\frac{t}{\eta} \right)^m$$

$$\ln\left\{ \frac{1}{1-F(t)} \right\} = \left(\frac{t}{\eta} \right)^m$$

さらに、両辺の対数をとると、

$$\ln\ln\left\{ \frac{1}{1-F(t)} \right\} = m(\ln t - \ln \eta) \tag{5-31}$$

式(5-31)において、左辺を y とし、$x = \ln t$ とすると、

$$y = m(x - \ln \eta) \tag{5-32}$$

となり、直線関係が得られる。したがって、加速試験から得られた累積故障率から式(5-32)の左辺に相当する値を求め、$\ln t$ との関係をプロットした時に直線関係が得られればワイブル分布に従うことになる。ワイブル分布による解析

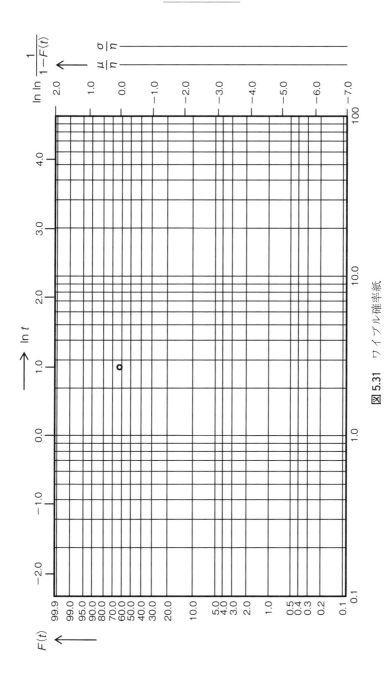

図 5.31 ワイブル確率紙

を行うには、累積故障率から計算される $\ln\ln\left\{\dfrac{1}{1-F(t)}\right\}$ と $\ln t$ との関係を解析

する。正規分布や対数正規分布の場合と同様、ワイブル確率紙と呼ばれる確率

紙が用意されており、通常はそれを用いて解析が行われる。

　図 5.31 に、ワイブル確率紙を示す。確率紙の下側の横軸には対数目盛りが、

左側縦軸には累積故障率の目盛りがふられる。右側縦軸には $\ln\ln\left\{\dfrac{1}{1-F(t)}\right\}$ が、

上側横軸には $\ln t$ に対応する軸目盛りが入っている。加速試験より得られる時

間と累積故障率との関係をプロット（ワイブルプロット）し、回帰直線が描け

ればその回帰直線を用いて接合部の信頼性解析を行う。

　試験データのプロットにより、**図 5.32**(a)のような回帰直線（W. P.）が得ら

れた場合、X 主軸 $\left(\ln\ln\left\{\dfrac{1}{1-F(t)}\right\}=0\,$なる軸$\right)$ と回帰直線との交点の x 座標が、

尺度パラメータ η となる。次に、回帰直線が m 推定点（$\ln t=1$、$\ln\ln\left\{\dfrac{1}{1-F(t)}\right\}$

$=0$ なる点、図 5.31 中で○で示される点）を通るように平行移動させ、Y 主軸

（$\ln t=0$ なる軸）との交点を求めることにより、その交点の右縦軸の y 座標が

$-m$（m：形状パラメータ）となる（図 5.32(b)参照）。母平均および母標準偏差

についても、形状パラメータ m の場合と同様にして、右縦軸の簡便尺より、$\dfrac{\mu}{\eta}$

と $\dfrac{\sigma}{\eta}$ を読み取り、前述の方法で求めた η を用いて評価できる（図 5.32(c)参照）。

　以上のように、ワイブルプロットより回帰直線を描くことにより各種解析が

実施できるが、データが直線回帰できず曲線になる場合もある。そのような場

合には、位置パラメータ γ の推定を行う必要がある。**図 5.33** に位置パラメータ

γ の推定方法を示す。データが上に凸の曲線に近似される時は、確率密度関数

$f(t)$ が長時間側にずれている可能性がある。その場合、任意の γ を用いて時間

t を $(t-\gamma)$ にてプロットし直し、回帰直線が描けるような γ を求める。一方、

データが下に凸の曲線になる時は、確率密度関数が短時間側にずれている可能

性があり、時間 t を $(t+\gamma)$ にてプロットし直し、回帰直線が描けるような γ を

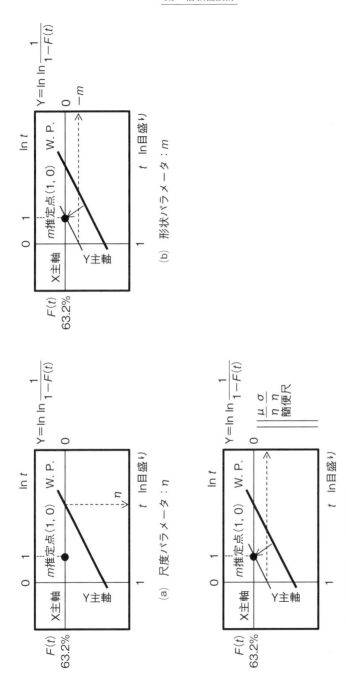

図 5.32 ワイブルプロットによる各パラメータの推定方法

(b) 形状パラメータ：m

(a) 尺度パラメータ：η

(c) 母平均：μ、母標準偏差：σ

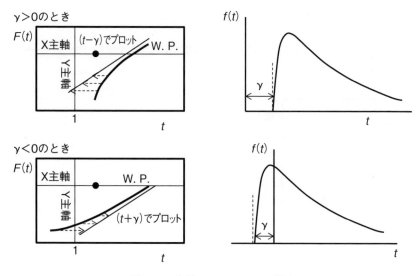

図5.33 位置パラメータγの推定

求める必要がある。以上のようなγの操作により、ワイブルプロットが直線近似される。適切な位置パラメータγの導入によりデータが直線近似され故障モードが断定される場合は問題ないが、故障モードが複数存在するためにデータが直線近似できず複数の直線に分けられる場合もある。このような場合は、故障モードの特定が不十分な場合が多いため、故障モードを再確認し同一故障モードのデータのみを再プロットする必要がある。ただし、故障モードが同一であっても、履歴の異なる試料（接合部のミクロ組織が異なるものなど）を混在すると信頼性データが変化する場合があるので注意を要する。逆に、故障モードが複数存在する場合にはワイブルプロットにより故障モードの識別が可能となることもあり、ワイブルプロットと故障モードの照合が重要となる。

5.3.3.5 有限要素解析

有限要素法（Finite Element Method：FEM）による解析は、コンピュータの性能向上に伴って飛躍的に進歩し、熱伝導解析、流体解析、電磁界解析、応力解析などに広く利用されている。マイクロ接合部の解析では、主として応力

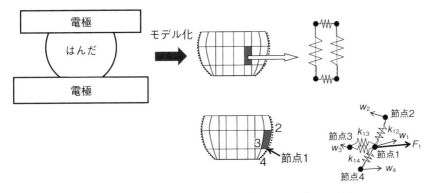

図 5.34 FEM におけるモデル化と節点における力のつり合い

解析や熱伝導解析が行われる。

　図 5.34 に FEM におけるモデル化の模式図を示す。FEM では、対象となる接合部を有限の数の単純形状の要素に切り分ける（メッシュ作製によるモデル化）。図のように、各要素は隣の要素と共有する節点を有する。実際の接合部では、各要素の辺は隣の要素とつながっていなければならないが、FEM では節点だけでつながっているものと考え、要素の変形のしやすさをバネで置き換える。図の節点 1 における力のつり合いを考える。節点 1 に負荷される外力を F_1、各節点における変位を w_1、w_2、w_3、w_4、各節点間のバネのバネ定数を k_{12}、k_{13}、k_{14} とすると、節点 1 での力のつり合いより、

$$k_{12}(w_1 - w_2) + k_{13}(w_1 - w_3) + k_{14}(w_1 - w_4) = F_1 \tag{5-33}$$

が成り立つ。FEM では、例えば、ひずみエネルギーが最小となるよう解析が行われ、個々の要素の形状や材料定数からバネ定数が求められる。同様の手法にて、全節点での力のつり合いの式が求められれば、次の連立方程式が得られる。

$$\begin{bmatrix} k_{11} & k_{12} & \cdots & k_{1N} \\ k_{21} & k_{22} & \cdots & \vdots \\ \vdots & & \ddots & \vdots \\ k_{N1} & \cdots & \cdots & k_{NN} \end{bmatrix} \begin{bmatrix} w_1 \\ w_2 \\ \vdots \\ w_N \end{bmatrix} = \begin{bmatrix} F_1 \\ F_2 \\ \vdots \\ F_N \end{bmatrix} \tag{5-34}$$

　この連立方程式を解くことにより、各節点における変位が求められる。変位が求まればひずみが求められ、応力–ひずみ線図より応力も求められる。

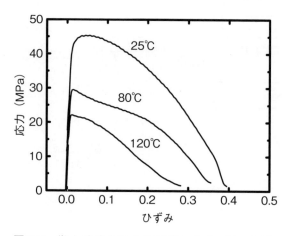

図 5.35　微小試験片により評価した Sn-3Ag-0.5Cu
（mass %）はんだの応力-ひずみ線図（ひずみ
速度：1×10^{-3} s^{-1}）

　以上のような FEM 解析を行うには、上述の要素作製に加え、各構成要素の
材料物性値が必要となる。高精度な解析を行うには、正確な材料物性値を把握
する必要がある。マイクロ接合に使用されるはんだのミクロ組織は、鋳型で鋳
込むような一般的な工業材料の組織に比べ微細であり機械的特性も異なる。そ
のためはんだ材については、実際のはんだ接合部を模した微小試験片を用いた
材料試験法が開発され[5.27]、材料物性値の取得や信頼性評価に使用されている。
図 5.35 に、微小試験片の引張試験より評価した Sn-3Ag-0.5Cu はんだの応力-
ひずみ線図を示す。FEM による弾塑性解析では、応力-ひずみ線図に基づき、
各温度におけるはんだ材の縦弾性係数、降伏点、塑性特性などを入力して解析
を行う。はんだ接合部の FEM 解析では、弾塑性クリープ解析が行われること
が多く、その場合にははんだ材のクリープ特性の入力も必要となる。最近では、
高分子材料である基板材料の粘弾性も考慮したより高精度な解析も行われてい
る。

　図 5.36 に、Sn-37Pb（mass %） および Sn-Ag-Cu 系（Sn-3.5Ag-0.75Cu
（mass %）相当）はんだを用いた CSP のはんだ接合部を対象として FEM 解析
を行った時の接合部の三次元 FEM モデルを示す。FEM モデルでは、パッケー

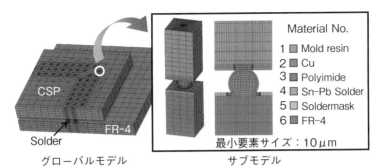

(a) Sn-37Pbはんだ接合部

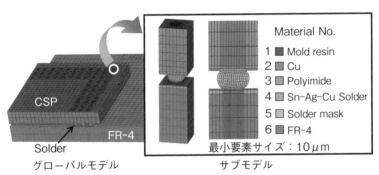

(b) Sn-Ag-Cuはんだ接合部

図 5.36 CSP はんだ接合部の FEM モデル

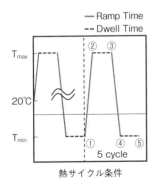

熱サイクル条件

Solder type	Test No.	Temperature range (℃)	Frequency (cycles/h)	Ramp time (min)	Dwell time (min)
Sn-Pb	1	-40〜120	2	7	8
	2	0〜120		6	9
	3	30〜120		11	4
	4	-40〜100		6	9
	5	-20〜100		5	10
	6	30〜100		10	5
Sn-Ag-Cu	1	-40〜125	2	5	10
	2	-20〜125		5	10
	3	0〜125		5	10

図 5.37 FEM 解析条件

表 5.8　FEM 解析に使用した材料物性値

(a)各構成部材の材料物性値、(b)はんだの縦弾性係数、(c)はんだの塑性特性、(d)はんだのクリープ特性

(a)

Materials	Young's Modulus E （MPa）	Poisson's ratio	CTE （ppm/℃）
Cu	120000	0.3	16.7
Sn–Pb solder	Table 5.8(b)	0.35	26.6
Sn–Ag–Cu solder	Table 5.8(b)	0.41	21.7
FR-4	22000	0.28	18
Mold resin （CSP）	16000	0.25	15
Polyimide	3700	0.3	23.5
Solder mask	2100	0.3	51.6

(b)

	Temperature （℃）	Elastic Modulus （MPa）
Sn–Pb	−40	31100
	25	19600
	80	11300
	125	9000
Sn–Ag–Cu	−40	50690
	20	44150
	80	37610
	125	32705

(c)

	Temperature （℃）	Yield stress （MPa）	Tangent modulus （MPa）
Sn–Pb	−40	34.6	1653
	0	31.7	1369
	25	28.9	955
	75	19.3	595
	100	13.8	369
	125	7.92	108
Sn–Ag–Cu	−40	40.6	2579
	20	24.9	2480
	80	11.3	2331
	125	9.81	1577

(d)　$\dot{\varepsilon}=A\sigma^n$　（ノートン則）

	Temperature （℃）	A $((MPa\cdot s)^{-1})$	n
Sn–Pb	−40	1.96×10^{-18}	7.38
	−20	2.17×10^{-17}	6.46
	0	9.86×10^{-14}	5.66
	20	2.66×10^{-12}	4.96
	30	1.17×10^{-11}	4.64
	40	4.71×10^{-11}	4.34
	60	5.91×10^{-10}	3.80
	80	5.57×10^{-9}	3.33
	100	4.12×10^{-8}	2.92
	120	2.49×10^{-7}	2.55
Sn–Ag–Cu	−40	1.26×10^{-32}	15.50
	−20	2.47×10^{-29}	14.53
	0	2.57×10^{-26}	13.58
	20	1.41×10^{-23}	12.61
	40	4.07×10^{-21}	11.65
	60	6.20×10^{-19}	10.69
	80	4.98×10^{-17}	9.72
	100	2.11×10^{-15}	8.77
	125	9.26×10^{-14}	7.56

ジの対称性を考慮して、図に示したような $\frac{1}{4}$ モデルなどを作製してモデルを簡略化し、モデル作製時間、解析時間の短縮化が図られる。図 5.36 のモデルに対し、**図 5.37** に示す熱サイクルを負荷した時の 5 サイクル間におけるはんだ接合部の応力−ひずみ状態を解析した。解析は、**表 5.8** に示す材料物性値を用いて、

表 5.9 FEM により求めた $\Delta\varepsilon_{in}$ と熱サイクル試験より評価した熱疲労寿命値

(a) Sn–37Pb はんだ接合部

試験No.	熱サイクル条件			平均寿命：N_f（サイクル）	$\Delta\varepsilon_{in}$（%）
	温度サイクル（℃）	サイクル頻度（サイクル/時間）	温度差：ΔT（℃）		
1	−40～120	2	160	108	0.417
2	0～120	2	120	131	0.356
3	30～120	2	90	258	0.260
4	−40～100	2	140	142	0.267
5	−20～100	2	120	169	0.240
6	30～100	2	70	650	0.123

(b) Sn–Ag–Cu 系はんだ接合部

試験No.	熱サイクル条件			平均寿命：N_f（サイクル）	$\Delta\varepsilon_{in}$（%）
	温度サイクル（℃）	サイクル頻度（サイクル/時間）	温度差：ΔT（℃）		
1	−40～125	2	165	2270	0.270
2	−20～125	2	145	2280	0.258
3	0～125	2	125	＞2960	0.235

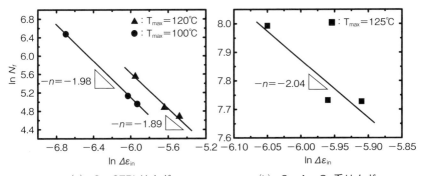

(a) Sn–37Pbはんだ   (b) Sn–Ag–Cu系はんだ

図 5.38 非弾性ひずみ振幅 $\Delta\varepsilon_{in}$ と N_f との関係

弾塑性クリープ解析を行った。

　FEM 解析により求めた各種熱サイクル条件下におけるはんだ接合部に負荷される非弾性ひずみ振幅 $\Delta\varepsilon_{in}$ と熱サイクル試験より得られた熱疲労寿命を**表5.9** に示す。Coffin-Manson の修正式中の n 値を求めるために、$\Delta\varepsilon_{in}$ と N_f との関係をプロットした結果を**図5.38** に示す。はんだ材によらず n 値はほぼ2となり、従来の Sn-Pb 系はんだで使用されてきた値と同等となることが確認された。よって、Sn-Ag-Cu 系鉛フリーはんだによる接合部においても、FEM 解析などにより $\Delta\varepsilon_{in}$ を求めることができれば、Coffin-Manson の修正式を用いた熱疲労寿命評価が可能となることが示唆された。

【参考文献】

5.1) Gunter Petzow（内田裕久，内田晴久訳）：組織学とエッチングマニュアル，日刊工業新聞社，（1997）

5.2) 材料技術教育研究会編：組織検査用試料のつくり方―組織の現出―，大河出版，（2008）

5.3) 日本電子㈱，Analytical News, No. 89, p. 8（2011）

5.4) Joint committee on Powder Diffraction Standards, JCPDS（1969）

5.5) 岩井哲，表面分析講座-13-X 線分析，材料と環境，42，pp. 236-244（1993）

5.6) 加藤誠軌：X 線回折分析，内田老鶴圃，（1994）

5.7) B. D. カリティ（松村源太郎訳）：新版 X 線回折要論，アグネ承風社，（1993）

5.8) 菅沼克昭：鉛フリーはんだ付け入門，大阪大学出版会，（2013）

5.9) 髙橋邦明，鳶島真一，高橋良和，土井卓也：「エナジーデバイス」の信頼性入門，日刊工業新聞社，（2012）

5.10) 標準マイクロソルダリング技術　第3版，日刊工業新聞社，（2011）

5.11) S. S. Manson: Thermal Stress and Low-Cycle Fatigue, McGraw-Hill（1966）

5.12) M. Shiratori, Q. Yu, S. B. Wang: Advances in Electronic Packaging, ASME, EEP -Vol. 10-1, pp. 451-457（1995）

5.13) 干強：日本機械学会論文集，64-619，A，pp. 558-563（1998）

5.14) 干強，白鳥正樹：エレクトロニクス実装学会誌，Vol. 1，pp. 278-283（1998）

5.15) I. Shohji, T. Kobayashi, T. Tohei: Key Engineering Materials, 462-463, pp. 76-81（2011）

5.16) 浜野寿之，植木義貴，中筋威，藤本公三：Proc. of Mate2003, pp. 171-176（2003）

5.17） 小原さゆり，乃万裕一，末岡邦明，山田文明，森裕幸，折井靖光：Proc. of Mate2014, pp. 39–42（2014）

5.18） 門口卓矢，後藤圭亮，山中公博：Proc. of MES2014, pp. 203–206（2014）

5.19） 堀内良，金子純一，大塚正久　共訳：材料工学入門，内田老鶴圃（1999）

5.20） 矢口昭弘，山田宗博：エレクトロニクス実装学会誌，Vol. 6，No. 1，pp. 73–79（2003）

5.21） 荘司郁夫，渡邉裕彦，新井亮平：電子情報通信学会論文誌　C，Vol. J95–C，No. 11，pp. 324–332（2012）

5.22） 篠原亜門，荘司郁夫，梅村優樹：Mate 2018（Microjoining and Assembly Technology in Electronics）Proc., pp. 221–224（2018）

5.23） K. C. Norris and A. H. Lansberg: IBM Journal of Research and Development, Vol. 13, p. 266–271（1969）

5.24） I. Shohji, H. Mori and Y. Orii: Microelectronics Reliability, Vol. 44, pp. 269–274（2004）

5.25） W. Weibull: Journal of Applied Mechanics, No. 51, A–6, pp. 293–297（1951）

5.26） D. R. Banks and D. Gerke: Circuits Assembly June 1995, pp. 60–65（1995）

5.27） 苅谷義治：エレクトロニクス実装学会誌，Vol. 9　No.3，pp. 138–142（2006）

【第5章の演習問題】

【5-1】 高サイクル疲労と低サイクル疲労の違いについて説明せよ。

【5-2】 図はSn-8Zn-3Biはんだのクリープ試験により得られたひずみ−時間曲線を示している（試験温度：125℃、負荷応力：5 MPa）。
図より、定常クリープ速度を求めよ。

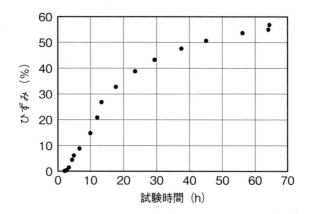

【5-3】 図はSn-3.5Ag-0.75Cu（mass %）合金の応力−ひずみ曲線を示している。
図より、この合金の引張強度、伸び、降伏応力、縦弾性係数（ヤング率）を求めよ。

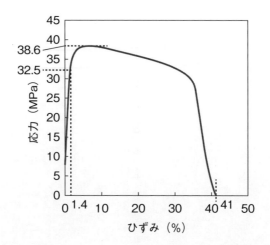

【5-4】 図は圧延SUS304箔の引張試験により得られた応力‐ひずみ曲線を示している。図より、引張強度、降伏応力、0.2％耐力および縦弾性係数（ヤング率）を求めよ。また、応力が最大値を示す時の塑性ひずみを求めよ。

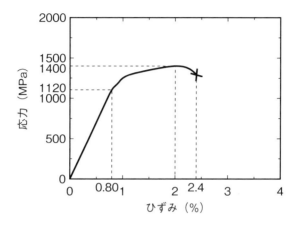

【5-5】 新しい半導体パッケージを開発した。このパッケージをプリント配線板に搭載した時のはんだ接合部の信頼性を評価し、要求される製品寿命を満足できるか否かを調査せよ。

＜半導体パッケージが使用される製品の仕様＞
・使用環境でのはんだ接合部温度：20〜80℃
・製品のオン／オフの回数：2回／日
・製品寿命（累積故障率0.1％）：2年

上記仕様に対して、熱サイクル試験（‐40℃〜125℃、1 cycles/h）を7個（A〜G）の試料に対して実施し、以下の結果が得られた。

サンプル	A	B	C	D	E	F	G
故障サイクル数	500	600	700	750	900	900	1000

次の手順にて、評価せよ。

1. メディアンランク法を用いて累積故障率を算出する。

2. ワイブル確率紙に累積故障率をプロットし、データの回帰直線より、累積故障率 0.1 %となるサイクル数を評価する。

   （ワイブルプロット紙の横軸目盛りを 1、10、100、1000 に変更）

3. はんだ接合部の加速係数を算出し、製品寿命を評価する。

   $m = 0.33$、$n = 1.9$、$Q = 11.9 \, \text{kJ/mol}$ とし、温度の単位は K であることに注意する。

誤差関数表

x	erf(x)	erfc(x)	derfc(x)	$d^2erfc(x)$	ierfc(x)	$i^2erfc(x)$
.00	.00000	1.00000	1.12838	.00000	.56419	.25000
.01	.01128	.98872	1.12827	.02257	.55425	.24441
.05	.05637	.94363	1.12556	.11256	.51560	.22302
.10	.11246	.88754	1.11715	.22343	.46982	.19839
.15	.16800	.83200	1.10327	.33098	.42684	.17599
.20	.22270	.77730	1.08414	.43365	.38661	.15566
.25	.27633	.72367	1.06001	.53001	.34909	.13728
.30	.32863	.67137	1.03126	.61876	.31422	.12071
.35	.37938	.62062	.99828	.69880	.28193	.10582
.40	.42839	.57161	.96154	.76923	.25213	.09248
.45	.47548	.52452	.92153	.82938	.22473	.08056
.50	.52050	.47950	.87878	.87878	.19964	.06996
.55	.56332	.43668	.83384	.91722	.17675	.06056
.60	.60386	.39614	.78724	.94469	.15594	.05226
.65	.64203	.35797	.73955	.96141	.13709	.04494
.70	.67780	.32220	.69128	.96779	.12010	.03852
.75	.71116	.28884	.64293	.96440	.10483	.03290
.80	.74210	.25790	.59499	.95198	.09117	.02801
.85	.77067	.22933	.54787	.93138	.07900	.02376
.90	.79691	.20309	.50197	.90354	.06820	.02008
.95	.82089	.17911	.45762	.86948	.05866	.01692
1.00	.84270	.15730	.41511	.83022	.05025	.01420
1.10	.88021	.11980	.33648	.74026	.03647	.00989
1.20	.91031	.08969	.26734	.64163	.02605	.00679
1.30	.93401	.06599	.20821	.54134	.01831	.00459
1.40	.95229	.04772	.15894	.44504	.01267	.00306
1.50	.96611	.03390	.11893	.35679	.00862	.00201
1.60	.97635	.02365	.08723	.27913	.00577	.00129
1.70	.98379	.01621	.06271	.21322	.00380	.00082
1.80	.98909	.01091	.04419	.15909	.00246	.00052
1.90	.99279	.00721	.03052	.11599	.00156	.00032
2.00	.99532	.00468	.02067	.08267	.00097	.00020
2.10	.99702	.00298	.01372	.05761	.00060	.00012
2.20	.99814	.00186	.00892	.03926	.00037	.00006
2.30	.99886	.00114	.00569	.02617	.00022	.00003
2.40	.99931	.00069	.00356	.01707	.00012	.00003
2.50	.99959	.00041	.00218	.01089	.00006	.00002
2.60	.99976	.00024	.00131	.00680	.00003	.00002
2.70	.99987	.00013	.00077	.00416	.00003	.00000
2.80	.99992	.00008	.00044	.00249	.00000	.00000
2.90	.99996	.00004	.00025	.00146	.00000	.00000
3.00	.99998	.00002	.00014	.00084	.00000	.00000

章末演習問題の略解

【第 2 章の演習問題】

【2-1】 (1)　はんだの熱抵抗：$R_1 = d_1/k_1 A = 0.1 \times 10^{-3}/(63 \times 25 \times 10^{-6})$
$$= 0.06 \ (\text{K/W})$$

基板の熱抵抗：$R_2 = d_2/k_2 A = 1 \times 10^{-3}/(25 \times 25 \times 10^{-6}) = 1.6 \ (\text{K/W})$

基板/空気間の熱抵抗：$R_3 = 1/hA = 1/(1000 \times 25 \times 10^{-6})$
$$= 40 \ (\text{K/W})$$

∴　$T_c = T_0 + Q(R_1 + R_2 + R_3) = 30 + 10 \times (0.06 + 1.6 + 40) \approx \underline{447\,℃}$

（実際はチップ上面への放熱もあるため、これほど温度は上昇しない。チップ上面への放熱を考慮する場合は、上方向と下方向への並列回路を考えればよい。）

(2)　チップ温度 $T_c = 100\,℃$、基板/空気間の熱抵抗 $R_3{}'$ とする。

$$\begin{cases} 100 = 30 + Q(R_1 + R_2 + R_3{}') \\ R_3{}' = \dfrac{1}{h'A} \end{cases}$$

∴　$h' = 7495 \ [\text{W/m}^2\text{K}]$

【2-2】

(1)　熱抵抗 $= d/kA$ より、

$R_{\text{Al}} = 0.003/(230 \times 0.0004) = 0.033 \ \text{K/W}$

$R_{\text{bond}} = 0.001/(0.2 \times 0.0004) = 12.5 \ \text{K/W}$

$R_{\text{sus}} = 0.005/(20 \times 0.0004) = 0.625 \ \text{K/W}$

よって、$\underline{R = R_{\text{Al}} + R_{\text{epoxy}} + R_{\text{sus}} = 13.2 \ \text{K/W}}$

接着剤層の熱抵抗がほかの層の熱抵抗よりも 1〜2 桁大きいので、この層を薄くするか、接着剤を熱伝導率の大きい材料に置きかえることが全体の熱抵抗減少に有効と考えられる。

(2)　Al、接着剤、ステンレス鋼の直列熱抵抗（R1）に Cu の熱抵抗

（R_{Cu}）が並列になっている回路を考える。

$$R1 = \underline{R_{Al} + R_{bond} + R_{sus}}$$

$$= (0.003/230 + 0.001/0.2 + 0.005/20)/0.00035 = 15.04 \text{ K/W}$$

$$R_{Cu} = 0.008/(400 \times 0.00005) = 0.4 \text{ K/W}$$

並列回路なので、$1/R = 1/R1 + 1/R_{Cu}$

$$\therefore \quad \underline{R = 0.39 \text{ K/W}}$$

【2-3】式(2-30)に必要な値を代入して求める。

$erfc$ の値は巻末表からおおよその値を読み取る。

$T_0 = 20$ ［℃］、$T_S = 200$ ［℃］、$x = 10 \times 10^{-3}$ ［m］、$t = 1$ ［s］、$\alpha = k/\rho c$ ［m²/s］

$$T = T_0 + (T_s - T_0) erfc\left(\frac{x}{2\sqrt{\alpha t}}\right) \approx \underline{114[℃]}$$

【2-4】

(1) $\Delta L = L_0 \alpha_L \Delta T = 10 \times 23.9 \times 10^{-6} \times (200 - 20) = 43.02 \times 10^{-3}$ mm

$\approx \underline{43 \text{ μm}}$

(2) $R_0 = \rho L_0/S = 0.89 \times 10^{-2}$ Ω

$\therefore \quad R_{(200℃)} = R_0[1 + \alpha \Delta T] = 0.89 \times 10^{-2}[1 + 0.0042 \times 180] \approx 1.6 \times 10^{-2}$ Ω

【2-5】中間金属の法則。

熱電対を用いた温度測定回路では、計測器や導線が図2.20(b)のCの箇所に相当する。

【第3章の演習問題】

【3-1】BCC：2個、FCC：4個、HCP：6個

【3-2】12

【3-3】BCC：$a = 4r/\sqrt{3}$、FCC：$a = 4r/\sqrt{2}$

【3-4】一辺の長さ a の立方体中に半径 r の球が4個入っていると考え、0.74（74 %）

【3-5】$t = 1.0 \times 10^8$ s

【3-6】$\ln D$ と $1/T$（温度（単位はK））とのグラフを描き（アレニウスプロッ

ト）、得られる近似直線の傾きより、Q(活性化エネルギー)/R(ガス定数)が求められる。$Q \fallingdotseq 137\,kJ/mol$

【3-7】 (1)　Cu-38.4 wt % Sn、(2)Sn-3at % Ag-0.9at % Cu

【3-8】 (1)　$L + \alpha \rightarrow \zeta$　（724℃）、$L + \zeta \rightarrow \varepsilon$　（480℃）、$L \rightarrow \beta + \varepsilon$　（221℃）

(2)　初晶：ε 相、初晶が出始める温度：約 290℃

(3)　存在する相：ε＋L、存在比　ε：L＝5：64　（mol 比）

(4)　ε 相：Ag_3Sn、液相になり始める温度：480℃

【第5章の演習問題】

【5-1】 省略

【5-2】 例えば、試験時間 30 h 以上の領域におけるデータの回帰直線の傾きから、定常クリープ速度＝0.4（％/h）

【5-3】 引張強度：38.6 MPa、伸び：41 %、降伏応力：32.5 MPa、縦弾性係数（ヤング率）：2321 MPa（2.32 GPa）

【5-4】 引張強度：1400 MPa、降伏応力：1120 MPa、0.2 ％耐力：1280 MPa、縦弾性係数（ヤング率）：140 GPa、応力が最大値を示す時の塑性ひずみ：1 %

【5-5】 メディアンランク法を用いて累積故障率を算出して、ワイブルプロットすると、累積故障率 0.1 ％となるサイクル数は約 190 サイクル。
AF＝4.76。
よって、累積故障率 0.1 ％での製品寿命は、190×4.76＝904.4 サイクル。
製品の要求寿命は、2（回/日）×365（日）×2（年)＝1460 サイクルなので、要求される製品寿命を満足できない。

索　引

著者略歴

荘司　郁夫（しょうじ　いくお）

1992 年 3 月　京都大学大学院　工学研究科　金属加工学専攻　修士課程修了

1992 年 4 月　日本アイ・ビー・エム株式会社　野洲研究所

1998 年 9 月　大阪大学大学院　工学研究科　生産加工工学専攻　博士後期課程
　　　　　　　修了

2000 年 6 月　群馬大学工学部

2002 年 6 月～9 月　オープン大学（イギリス）客員研究員

2009 年 4 月　群馬大学大学院　教授

博士（工学）（大阪大学）

福本　信次（ふくもと　しんじ）

1995 年 3 月　大阪大学大学院　工学研究科　博士後期課程修了

1995 年 4 月　姫路工業大学　工学部

2002 年 5 月～2004 年 3 月　ウォータールー大学（カナダ）在外研究員

2004 年 4 月　兵庫県立大学大学院

2009 年 5 月　大阪大学大学院

博士（工学）（大阪大学）

エレクトロニクス実装のための
マイクロ接合科学   NDC549

2020年10月15日　初版1刷発行

（定価はカバーに
　表示してあります）

ⓒ　著　者　　荘司　郁夫
　　　　　　　福本　信次
　　発行者　　井水　治博
　　発行所　　日刊工業新聞社
　　　　　　　〒103-8548　東京都中央区日本橋小網町14-1
　　電　話　　書籍編集部　03（5644）7490
　　　　　　　販売・管理部　03（5644）7410
　　ＦＡＸ　　03（5644）7400
　　振替口座　00190-2-186076
　　ＵＲＬ　　https://pub.nikkan.co.jp/
　　e-mail　　info@media.nikkan.co.jp
　　印刷・製本　美研プリンティング